湖南省饮用天然矿泉水及开发利用

易晓明 曹 健 著

中南大学出版社
www.csupress.com.cn
·长沙·

前言 / Foreword

水是人类生存与生活不可缺少的重要资源，它和阳光、空气并列为生命赖以生存的三大要素。

天然矿泉水产于地质体中，是含有一定量的非水分子的其他化学成分（矿物盐、气体成分、少数活性离子以及放射性成分）的天然流体物质。矿泉水以含有相当量的矿物质为特征，并以此与普通地下水相区别。这些矿物质是水在形成时和地下水循环过程中，经过深达几十米乃至几百米的地层过滤，长达几十年乃至上千年与周围岩石中的矿物质相互作用而生成的。

饮用天然矿泉水和以天然矿泉水配制的饮料大量进入市场，深受广大消费者的欢迎。我国矿泉水资源十分丰富，是世界上最早开发利用矿泉水资源的国家之一。近40年来，相关人员为查清我国饮用天然矿泉水资源分布情况做了大量工作，出现了一个开发利用饮用天然矿泉水的高潮。湖南省天然矿泉水资源调查和开发研究起步较晚，因此我们根据多年来从事天然矿泉水化学研究工作的经验，总结撰写了本书。通过本书将我们手中掌握的饮用天然矿泉水的有关资料加以编纂、汇集，提供给从事矿泉水资源调查、开发和研究的同志们参考，以期对我省饮用天然矿泉水资源开发起一点促进作用。

书中引用的湖南省天然矿泉水的有关资料，主要参考因特网、学术会议交流材料及部分天然矿泉水地质勘查报告。因涉及单位和个人甚多，（除期刊公开发表外）恕不一一署名，谨此致谢。

本书由易晓明、曹健等同志撰写，全书由易晓明同志负责审改、定稿。在撰写过程中易立文参与了绘图、部分资料整理工作。

由于时间紧迫和资料的限制，在内容和文字上难免有欠妥之处，再者笔者水平有限，请读者批评指正。

笔者

2019 年 3 月

目录 / Contents

1 矿泉水的基本知识

1.1 矿泉水的定义

关于矿泉水，不同国家有不同的定义，在这些定义中，最被广泛接受的是原联邦德国的定义：

"矿泉水是天然的，从天然或人工开出的泉水中得到的水，1 kg 这种水含有不少于 1000 mg 溶解的盐类或 250 mg 游离二氧化碳，它是在矿泉水所在地由消费者使用的限定容器装瓶的……"

联邦德国的定义强调成分，而法国的定义却强调矿泉水的医疗特征。法国对矿泉水的定义(1922 年 1 月 12 日公布，1957 年 5 月 24 日修订)为：

"矿泉水""天然矿泉水"的名称是指具有医疗特性，并由有关管理部门批准开发，而开发单位又具备有效的管理条件的水。

欧洲供水协会的定义是：

天然矿泉水可以理解为一种细菌学上健全的水……它是从地下水源矿脉的若干露头开发出来的，这种水应该满足以下条件：

1)由于其独特的质量具有利于健康的性质；

2)每千克水在装瓶前后都含有不少于 1000 mg 溶解的盐或 250 mg 二氧化碳气体，这种水具有对生理上有益的性质。

世界卫生组织专家组会议讨论了矿泉水的国际标准，做出了如下的定义：

"天然矿泉水是来自天然的或人工井的地下水源的细菌学上健全的水。"这种水与普通饮用水的区别有如下几点：

1)具有以矿物质或痕量元素或其他成分为特征的性质。

2)保持原有的纯度，即不受任何种类的污染。

3)性质和纯度一直保持不变。

当前世界各国对矿泉水的定义各有己见,但含意大致可以概括如下:

1)必须是来自地下深处的或经人工揭露开发的深层地下水源。

2)应含有一定的矿物质(大于 1 g/L)或某些对人体健康有益的微量元素或气体成分(如游离二氧化碳 0.25 g/L 以上)以及以一定的温度为特征。

3)在通常情况下,其化学成分、流量、温度等的动态变化应相对稳定。

4)应符合饮用水水质标准要求。

矿泉水分为天然矿泉水和非天然矿泉水。天然矿泉水指从地下深处自然涌出或经钻井采集,含有一定量的矿物质、微量元素或其他成分,在一定区域内未受污染并采取预防措施避免污染的水。本书指的"矿泉水"均为"天然矿泉水"。

1.2 矿泉水与地下水的区别

矿泉水与一般地下水一样,含有各种化学成分。但在矿泉水中往往含有一般地下水中不常遇见的某些特殊元素,例如锂、锶、锌、钼、溴、碘、硒等微量元素。有的水还含有异常高的气体成分和放射性元素。有的水温较高(温泉),有的水中有比较丰富的宏量元素,溶解性总固体浓度可达 1000 g/L 以上(这里不包括海水、苦咸水等一类的矿化水),一般矿泉水中的游离二氧化碳多在 40 mg/L 以下。所以,矿泉水能补充人体所需的微量元素,调节人体的酸碱平衡,本身不含任何热量。这些特点都是一般地下水所不具备的。

矿泉水的形成条件不同于一般地下水,是特定的物质条件下的产物。大多数矿泉水是由大气降水沿透水岩层或岩石裂隙乃至断层渗入地下深处,经过深循环和溶滤等作用,自地下数千米以至更深的地方运移到浅部含水层中或直接出露地表。所以,矿泉水的化学成分、流量和温度等动态参数均较稳定。

由于矿泉水属远源补给的深层地下水,因此水源不易受到污染。但是,由于水源循环至地层浅部时与其他水源混合,或因人类活动及加工过程等原因而易被污染。所以,规定天然矿泉水必须保证细菌系含量在限定数目之下,例如大肠菌群必须符合生活饮用水卫生标准,采水和灌装过程也必须具备规定的卫生条件。

除了特殊许可规定之外,无论是为了消毒还是其他目的,一般不允许处理天然矿泉水。规定许可的暴气、倾析、过滤和去除或加入二氧化碳等处理方法,必须保证原水的特征性组分不低于界限指标,也不得改变天然矿泉水应有的成分和化学类型。

1.3 矿泉水化学成分的形成

在天然的条件下，地球上可以找到 90 多种元素，就目前来说，多数科学家认为生命必需的元素共有 28 种，这 28 种生命元素，按人体内含量的高低可分为宏量元素(或常量元素)和微量元素。

微量元素，顾名思义，是这种元素在人体内含量很少。如铁、硒、锌、铜、锂、镍、锡、锰等。这些微量元素占人体总质量的 0.03% 左右。虽然它们在体内的含量很小，但在生命活动过程中的作用是十分关键的。

可以把组成大然矿泉水成分的元素分为四组：

第一组——水中溶解物质的主要元素：钾、钠、钙、镁、铁、铝、氯、硫、氮、氧、氢、碳、硅。

第二组——含量不大的元素：锂、铷、锶、钡、铅、镍、锌、锰、铜、溴、碘、氟、硼、磷、砷。

第三组——稀有的含量极少的元素：铬、钴、铊、铀、镓、铟、锗、锆、钛、钡、汞、铋、钨、硒、钼、银、金、铂、锡、锑。

第四组——放射性元素：镭、钍、氡等。

淡水与矿泉水的差别主要是由水动力条件与迁移速度决定的。应该把淡水看成是积极交替带的水，而把矿泉水看成是缓慢循环带的水。至于有工业意义的卤水则属于地层下部停滞带的水。

从地质构造的角度来看，矿泉水的形成首先要有有利的地质构造条件，如岩石风化壳、自流盆地、断裂带以及火山活动地带。其次，要有必要的水的补给来源和水在矿床水中进行循环的条件。第三，要具备能够提供形成矿水化学成分和气体成分的地层岩性。地层岩性是提供矿水物质成分的主要来源。第四，温热矿泉水的形成必须具备一定的地热条件。这种条件一般存在于地壳的较深部位、地热异常带、火山活动带和晚近期侵入岩体地带(这些地区往往能有热水形成)。

从水文地质的角度来看，淡水存在于积极交替带(即地下径流与地表水积极进行交换)，一般在地质构造的易冲刷部分和河流网的排水影响带，属于现代气象来源的运动的水，动力资源大于永久贮量，主要类型为淡的(或低矿化度)碳酸氢盐水；在干旱地区以及低洼地带也有硫酸盐水与氯化物水。饮用水大部分属于这类水。

矿泉水是一些深循环的地下水。它来自地下迟缓循环带（地下径流变缓，水的交换变慢），存在于流动的深部地区 500~600 m 深处，在褶皱区，有大的构造破坏时深达 1000~2000 m（热水），混有较古老的缓慢交替水，永久贮量大于动力资源。岩石中的盐分以很慢的速度被溶解下来（冲刷下来），水的成分能长期保持恒定。这类水有重碳酸盐型矿泉、硝酸盐氧化物型矿泉、碱性矿泉和温泉。

矿泉水有"贮藏"特征，即水的经历很复杂，包括淤泥沉积到岩石成岩作用所有各阶段的残余水，或渗透到岩石裂隙和孔隙中的后生"封存水"。

矿泉水的形成主要是以下几方面共同作用的结果：

1）混合作用：各种成分水的混合。

2）变质作用：包括脱氧、脱硫酸和岩石吸附复合体中的离子交换作用。

3）溶滤作用：地下水与围岩相互作用，围岩中的矿物质部分化学成分被溶于水，另外，地下水流经含有可溶性盐类的岩石时，这些可溶性盐类能全部被地下水溶解而使地下水矿化。溶滤作用的强弱主要取决于围岩矿物的性质、颗粒表面积的大小和矿水运动速度。

4）微量元素的富集。

通过上述作用，形成各种类型的矿泉水。

关于矿泉水中气体的形成，要特别加以说明。矿泉水中的气体来源于：①大气；②生物化学作用；③变质作用；④放射性作用。

大气来源的气体分为氮气、氧气及惰性气体。

生物化学形成的气体有甲烷、二氧化碳、碳氢化合物、氮气、硫化氢、氢气、氧气等。甲烷由细菌分解有机质形成，含硫气体由硫细菌作用于含硫化合物形成。

变质作用形成的气体有：二氧化碳、硫化氢、甲烷、一氧化碳、氮气、氯化氢、氟化氢、氨气、硼酸蒸气、二氧化硫等。这些是由于高温作用形成的。

放射性作用产生的气体（镭、钍、氡）是伴随各种类型气体出现的。

矿泉水中最常见的二氧化碳气体有四种成因：①岩浆活动过程中挥发性二氧化碳的逸出；②变质作用使某些矿物在形成过程中物质分异释放二氧化碳；③有机物氧化分解产生二氧化碳；④碳酸盐矿物（纯碱）的水解及化学反应产生二氧化碳。

总之，矿泉水化学成分的形成是一个极其复杂的过程，不同化学类型的矿泉水在形成条件上有很大的差异；但是，所有矿泉水化学成分的形成都与可溶性盐类的溶解、岩石的溶滤作用或者深处岩浆中发生的作用紧密相关。

地下水之所以能够形成各种类型的矿泉水，最根本的前提是地下水流经了含有不同特征组分的岩层，它们是形成矿泉水特征组分的物质来源。此外更要具备形成矿泉水特征组分的地球化学环境、水动力条件等。有了这些条件，地下水在地下深处岩层中运移，与围岩长期接触，经溶滤作用、阴阳离子交换吸附、生物地球化学等一系列物理、化学作用，使岩石中的微量和常量组分进入地下水，富集到一定的浓度而形成各种类型的矿泉水。

因为各地区地下的岩层及地质条件不同，因此生成的矿泉水所含的化学组分和微量元素自然也就不一样。主要反映在宏量元素（主要成分）的不同和界限指标（特征组分）的不同，因而生成了不同类型的矿泉水。例如，偏硅酸型天然矿泉水是我国开发最多的一种矿泉水。

硅酸盐岩是地壳岩石圈中分布最广泛的岩石，无论是中等深部岩浆作用形成的岩浆岩，还是在海水中沉积形成的沉积岩，或是经过变质作用形成的变质岩，几乎都含有硅酸盐构成的矿物。但不同类型的岩石中二氧化硅的含量差异很大，因此，地下水与其周围含二氧化硅的岩石相互作用过程中岩石成分中二氧化硅的含量必然影响溶于地下水中的二氧化硅含量。硅酸盐岩大都比较致密，阻水性强，对于地下水的渗流循环是不利的，只有在某些裂隙比较发育的地段，裂隙纵横交错，相互连通才可能构成地下水渗流的良好通道，这对硅酸盐岩层分布区存在较丰富的地下水源，也是一个必要条件。所以说，对于偏硅酸矿泉水的形成，二氧化硅的含量、温度和压力极为重要，只有在较高的温度下，水中才可能溶解较多的硅酸盐而形成矿泉水。

1.4　矿泉水分布的一般规律

矿泉水一般来自地下数百米或数千米的深处，它的形成自然要受到各种地质因素及地球化学环境的影响。在地下水的深循环过程中，岩浆活动、火山活动、地震等常给地下水的矿化及化学组分的形成创造条件。矿泉水的形成和分布是严格受地质构造所控制的。水文地质学家认为矿泉水的分布与构造大断裂与近代火山活动紧密相关。矿泉水分布具有一定的规律性，一般常在下列地区：

1）现代火山活动地区

现代火山活动地区，由于火山喷发作用，常常造成地热异常区。这里，地下水受火山活动影响，化学成分发生很大变化，水中富含火山气体，水温高，往往含有较多 Fe、Al、B、As、F、SiO_2 等特殊组分，水为酸性。

2）近期岩浆活动地区

主要是指第三纪以来有过岩浆活动的地区，这里，由于岩浆活动，使岩石发生高温变质作用，产生一系列气体，如在石灰岩地区将产生大量的二氧化碳气体。这类地区矿泉水常为 HCO_3-Ca 型水。

3）新构造运动活动带和构造破碎带地区

这类地区往往存在着深大断裂破碎带，造成地下水在其中充分循环并向深部运动的有利条件，因而往往能形成矿泉水。这类矿泉水多为含氮矿泉水。

4）陆台、边缘拗陷和山间凹地

这类地区常常形成与油田水有关的卤水，一般常含有氮气和甲烷气体成分。

5）酸性火成岩风化壳地区

该类地区矿水往往富含氡，为放射性水。

下面主要讨论与饮用矿泉水有密切关系的碳酸水分布的一般规律。

纵观国内外碳酸泉的分布，其出露的地质背景皆与大的构造断裂或不同构造带的复合部位有关，主要产出于侵入岩或近期喷出岩和构造断裂均发育的地区。在欧洲，大地构造上出来的阿尔卑斯山褶皱带及陆台区与各个主要成分类型矿泉水的分布恰好一致。在这个范围的边沿地带集中着大量的碳酸水的露头。例如，西欧在阿尔卑斯山以东分布的，包括法国中央高原、德国莱茵地堑、捷克、斯洛伐克等国著名的碳酸水水文地球化学带，以及小高加索地区的博尔若米山矿泉等。我国黑龙江五大连池药泉山矿泉、吉林长白山白头山矿泉、内蒙古锡林部勒矿泉等，出露于玄武岩台地上。在我国，有一个碳酸水大区。这个大区是近代火山作用和近期岩浆活动造成的特殊类型热矿泉水区域。来自地壳内的高热熔岩造成了这些地区的地热异常，浅部地热梯度一般高出正常地区的几倍至几十倍。碳酸气的形成和富集与火山作用及深部的热变质作用有关。水中的气体除二氧化碳外，有时还有硫化氢、氮气、甲烷等。二氧化碳和硫化氢等气体强化了热矿泉水的溶滤作用，使水的化学成分复杂化。水的化学成分复杂化主要取决于水文地质条件。循环在结晶地区的水富集碳酸气后，即形成低矿化水的，水温较低的碳酸氢钙碳酸水（如广东深圳、甘肃肃南等碳酸泉）；当碳酸气进入黏土类地层中，在离子交换吸附作用条件有利时，则形成碳酸氢钠型碳酸水（如广东龙川、汕头、桑铺山等碳酸泉）；当二氧化碳进入海相成因地下水域循环于深部的高矿化水时，就可形成氯化物或成分复杂的热矿泉水（如台湾东部、西藏羊八井等温泉）。

我国的碳酸水大区可进一步分成两个区：

按水的温度高低分含二氧化碳的冷碳酸水区和富含二氧化碳、二氧化碳－硫化氢的高温碳酸水区。按地域分为东南及东北两富集带。

矿泉水露出地面是由于补给区水的高差引起的。

总之，矿泉中最主要的一类碳酸水，与大的构造断裂和新期火山源发育地带伴生，也产生于区域变质作用处，在一个地区往往形成碳酸水带。

2　矿泉水的分类

矿泉水的分类很多，其基本原则大都是按其用途依水化学类型或水化学特征而划分。矿泉水的分类标准目前国际尚无统一方案，比较流行的划分标准有两种：一种是苏联、日本的分类体系，一种是西欧的分类体系。

由于矿泉水的形成是在极不相同的地质条件下，极为复杂的地球化学环境中，经过漫长岁月的一系列物理化学变化而逐渐形成的，所以，它的水化学类型也就千差万别。考虑到不同化学类型的矿泉水化学成分及其含量的不同，在应用上会产生不同的效果，人们根据不同的应用目的通常把矿泉水分为医疗矿泉水和饮用矿泉水两大类。

2.1　医疗矿泉水

医疗矿泉水是指矿泉水中含有能够医治疾病的化学成分并能起到保健作用，而不会对机体造成损伤或产生不良影响的矿泉水类型。

关于医疗矿泉水的分类和定义，目前国际上尚无一个统一的标准。在欧洲，凡符合 1965 年 1 月欧共体第 65/65/EEC 号指令中关于医药产品的法律法规管理条款或近似条款规定之水才能称为医疗矿泉水。德国矿泉联合会（DEF）2001 条规定：天然矿泉水是源自泉点或钻孔，由于其化学成分、物理性质或浴疗学上的经验，能用于治疗某种疾病的水。俄罗斯于 2000 年发布了新的《饮用的医疗和医疗餐桌矿泉水国家标准》，规定凡温度大于 20℃，或具有一项化学成分达标的即为医疗矿泉水。

我国对矿泉水的研究工作起步较晚，1964 年 9 月卫计委在北京召开的理疗、疗养专业会议上，曾制订了医疗矿泉水的分类方案。经过十几年的实践，于 1981 年全国疗养学术会议上进行了一些修改，提出了中国医疗矿泉分类修订方案。方案从矿泉水不同的物理特性、化学成分等四个方面提出了医疗矿泉水的水质标准，并定义为：从地下自然涌出或人工钻孔取得的地下水，含有 1 g/L 以上可溶性固体成分，一定的特殊气体成分与一定量的微量元素，或具有 34℃ 以上温度，可供医疗与卫生保健应用者，称为"医疗矿泉"。该修订方案，对推动我国矿泉水的研究和开发起到一定的作用。

医疗矿泉水是矿泉水的一种，除普通矿泉水具有的：①为天然、无污染的地下泉水；②天然纯净，不经人工净化；③含有天然的矿物元素；④必须在水源地灌装；⑤得到官方的认可，其还具备预防疾病、减轻或者治疗疾病的功效。

我国 1989 年 8 月 29 日发布的《地热资源地质勘查规范》（GB/T 11615—1989）和 1992 年 10 月 7 日发布的《天然矿泉水地质勘探规范》（GB/T 13727—1992）中均附有医疗矿泉水水质标准（详见表 2-1）。

我国 2010 年 11 月 10 日发布了《地热资源地质勘查规范》（GB/T 11615—2010），以代替《地热资源地质勘查规范》（GB/T 11615—1989），对医疗矿泉水水质标准略做修改，主要是取消了锰、偏砷酸、偏磷酸、镭等 4 个意义不明或对人体有害的矿水类型。

2016 年 8 月 29 日我国发布了《天然矿泉水资源地质勘查规范》（GB/T 13727-2016），以代替《天然矿泉水地质勘探规范》（GB/T 13727-1992），修订了理疗天然矿泉水资源水质标准（详见表 2-2）。

现根据有关文献，将医疗矿泉水的分类概述如下：

2.1.1 按矿泉水化学成分分类

按矿泉水的化学成分分类：是以矿泉水中含有的主要化学成分，如碳酸氢根、硫酸根、氯、钠、钙、镁、铁、碘、溴、砷等活性离子，以及二氧化碳、硫化氢、放射性氡等气体，是否达到了规定的矿水浓度而命名。凡是矿水中某种化学成分达到了所规定的浓度标准，就命名为某种化学成分的矿泉，如碳酸泉、铁泉、碘泉等，如矿水中有 2 种或 2 种以上的化学成分都达到了所规定的浓度标准，则同时以 2 种或 2 种以上的化学成分的名称命名，如硫酸镁泉、溴硫化氢氯化钠泉等。

首先介绍苏联、日本采用的分类：

第一类：碳酸氢盐型，HCO_3^- 含量大于 53%。这一类又分为：①钠质泉（Na^+ 含量大于 30%）；②钙质泉（Ca^{2+} 含量大于 42.5%）；③镁质泉（Mg^{2+} 含量大于 31%）。

第二类：氯化物型，Cl^- 含量大于 40%。这一类又分为钠质泉、钙质泉和镁质泉。

第三类：硫酸盐型，SO_4^{2-} 含量大于 64%。这一类又分为钠质泉、钙质泉和镁质泉。

第四类：成分复杂的矿泉，包括：①氯化物碳酸氢盐泉，SO_4^{2-} 含量小于 64%（Na^+、Ca^{2+}、Mg^{2+}）；②硫酸盐碳酸氢盐泉，Cl^- 含量小于 25%（Na^+、Ca^{2+}、Mg^{2+}）；③氯化物硫酸盐泉，HCO_3^- 含量小于 53%（Na^+、Ca^{2+}、Mg^{2+}）。

这一类还包括更复杂的水，即三种阴离子含量都超过 25% 的水。

第五类：含有生物活性离子的矿泉水，即 Fe 离子浓度大于 10 mg/L，As 离子浓度大于 1 mg/L，Br 离子浓度大于 25 mg/L，I 离子浓度大于 5 mg/L，Ba 离子浓度大于 5 mg/L。

第六类：含气体的矿泉水。

(1)碳酸水(含游离 CO_2)。

(2)硫化氢水(含游离 H_2S)。

(3)放射性水(含氡 Rn)

西欧把医疗矿泉分为十一类：

第一类：单纯温泉，溶解性总固体浓度小于 1 g/L。

第二类：放射性泉，无论何种化学成分的放射性较大时，即属于这类泉。

第三类：单纯碳酸泉，有游离二氧化碳，但溶解性总固体浓度小于 1 g/L。

第四类：碱土碳酸泉，含游离二氧化碳，溶解性总固体浓度大于 1 g/L。

第五类：碱性泉，溶解性总固体浓度大于 1 g/L，其中主要为碳酸氢根与钠离子。

第六类：食盐泉，溶解性总固体浓度大于 1 g/L，绝大部分为食盐。

第七类：苦水泉，阴离子中主要是硫酸根离子。

第八类：铁质泉，含有二价铁和三价铁，因此具有医疗作用。

第九类：砷质泉，是一般类型的铁质泉或盐类泉，并含有药物学意义上相当大量的三价砷和五价砷。

第十类：硫化氢泉，含硫化氢，总硫离子浓度大于 1 mg/L。

第十一类：碘质泉，化学成分各种各样，但含碘，对身体有医疗作用。

我国医疗矿泉水的分类在已作废的《地热资源地质勘查规范》（GB 11615—1989）中附录 C 和《天然矿泉水地质勘探规范》GB/T 13727—1992 中附录 B 规定了十七种类型矿泉水有医疗价值，矿水浓度、命名矿水浓度值的界限，详见表 2-1。

表 2-1 医疗矿泉水水质标准　　　　单位：mg/L

成分	有医疗价值浓度	矿水浓度	命名矿水浓度	矿水名称
二氧化碳	250	250	1000	碳酸水
总硫化氢	1	1	2	硫化氢水
氟	1	2	2	氟水
溴	5	5	25	溴水
碘	1	1	5	碘水
锶	10	10	10	锶水
铁	10	10	10	铁水
锂	1	1	5	锂水
钡	5	5	5	钡水
锰	1	1	——	
偏硼酸	1.2	5	50	硼水
偏硅酸	25	25	50	硅水
偏砷酸	1	1	1	砷水
偏磷酸	5	5	——	
镭 g/L	10^{-11}	10^{-11}	$> 10^{-11}$	镭水
氡 Bq/L	37	47.14	129.5	氡水
温度≥34℃		溶解性总固体＜1000		淡温泉

注：本表根据：

a. 1981 年全国疗养学术会议修订的医疗矿泉水分类标准；

b. 原地矿部水文地质工程地质研究所编写的《地下水热水普查勘探方法》（地质出版社.1973），并参照苏联、日本等有关标准；

c. 卫计委文[73]卫军管第 29 号《关于北京热水井水质分析和疗效观察工作总结报告》。

我国现行有效的《天然矿泉水资源地质勘查规范》（GB/T 13727—2016）中，明确了 11 种理疗天然矿泉水资源水质标准，详见表 2-2。

表 2-2 理疗天然矿泉水资源水质标准

项目	指标	水的命名
溶解性总固体	＞1000 mg/L	矿（泉）水
二氧化碳（CO_2）	＞500 mg/L	碳酸水
总硫化氢（H_2S、HS^-）	＞2 mg/L	硫化氢水

续表 2 - 2

项目	指标	水的命名
偏硅酸(H_2SiO_3)	>50 mg/L	硅酸水
偏硼酸(HBO_2)	>35 mg/L	硼酸水
溴(Br^-)	>25 mg/L	溴水
碘(I^-)	>5 mg/L	碘水
总铁($Fe^{2+}+Fe^{3+}$)	>10 mg/L	铁水
砷(As)	>0.7 mg/L	砷水
氡(^{222}Rn)	>110 Bq/L	氡水
水温	>36 ℃	温矿(泉)水

2.1.2 按矿泉水的温度分类

矿泉水的温度通常高于当地平均温度。根据医疗用途，以人体的体温为界进行了分类。我国将温泉划分以下五类：

（1）水温 <25℃　　冷泉

（2）水温 26℃ ~33℃　微温泉

（3）水温 34℃ ~37℃　温泉

（4）水温 38℃ ~42℃　热泉

（5）水温 >43℃　　高温泉

我国现行有效的《地热资源地质勘查规范》(GB/T 11615—2010)中规定了地热资源温度分级，详见表 2 - 3。

表 2 - 3　地热资源温度分级

温度分级		温度(t)界限/℃	主要用途
高湿地热资源		$t \geq 150$	发电、烘干、采暖
中温地热资源		$90 \leq t < 150$	烘干、发电、采暖
低温地热资源	热水	$60 \leq t < 90$	采暖、理疗、洗浴、温室
	温热水	$40 \leq t < 60$	理疗、洗浴、采暖、温室、养殖
	温水	$25 \leq t < 40$	洗浴、温室、养殖、农灌

注：表中温度是指主要储层代表性温度。

由于地域情况的不同，各国规定的温泉水温的下限值也略为不同。国际分类为：

(1)水温 <20℃　　　　　冷泉

(2)水温 20~37℃　　　　微温泉

(3)水温 37~42℃　　　　温泉

(4)水温 >42℃　　　　　超温泉

2.1.3　按矿泉水的溶解性总固体(矿化度)分类

矿泉水中所含盐类浓度(即可溶性固体含量)都不可能是一样的。我国将其分为五种类型。

(1)溶解性总固体 <1 g/L　　　淡水

(2)溶解性总固体 1~3 g/L　　 微咸水

(3)溶解性总固体 3~10 g/L　　咸水

(4)溶解性总固体 10~50 g/L　 盐水

(5)溶解性总固体 >50 g/L　　　卤水

2.1.4　按矿泉水的酸、碱度分类

矿泉水的酸、碱度是反映矿泉水溶液中氢离子浓度大小的一项指标。由于矿泉水中的氢离子浓度一般都很小，常以 pH 来表示。

我国医疗矿泉中按酸、碱度的划分类型如下：

(1)酸性泉　　　pH 1~4

(2)弱酸性泉　　pH 4~6

(3)中性泉　　　pH 6~7.5

(4)弱碱性泉　　pH 7.5~8.5

(5)碱性泉　　　pH 8.5~10.0

2.2 饮用矿泉水

饮用矿泉水是供食品工业做瓶装饮料的矿泉水，它与一般淡水或生活用水有严格的区别，也不同于医疗矿泉水，饮用矿泉水的盐类成分的浓度值、特征化学元素的界限值一般均低于医疗矿泉水中各化学元素的界限值。因为饮用矿泉水是从日常饮用的角度考虑，不需要限制饮量。但是，它与一般生活饮用水相比又具有一定的保健作用。

2.2.1 我国饮用矿泉水标准

我国于 1987 年 12 月 29 日发布了第一个矿泉水国家标准《饮用天然矿泉水》(GB 8537—1987)。在其技术要求中明确了 9 项界限指标(锂、锶、锌、碘含量不低于 0.2 mg/L、溴含量不低于 1 mg/L、偏硅酸含量不低于 25 mg/L、硒含量不低于 0.01 mg/L、游离二氧化碳含量不低于 250 mg/L、矿化度不低于 1000 mg/L)、感官要求、18 项限量指标、4 项污染指标和 2 项微生物指标(细菌总数和大肠菌群)要求。

我国于 1995 年 8 月 17 日发布了第二个矿泉水国家标准《饮用天然矿泉水》(GB 8537—1995)。主要增加了水源评价要求,对 9 项界限指标中的锶和偏硅酸增加了温度的要求,矿化度改为溶解性总固体。其他没有大的变化。

矿化度是水中化学组分含量的总和,其值相当于水中阴阳离子含量之和;溶解于水中的固相物质的总量称为总固溶物,它等于干固残渣的重量。这两者的含义很接近,它俩之间的差别是前者比后者大,其差值为 HCO_3^- 含量的一半。因为在水蒸干过程中,重碳酸根含量的一半将转化为 CO_2 气体而逸出。因此,对同一对象而言,矿化度描述的是常温状态,溶解性固体描述的是烘干状态。"矿化度"改为"溶解性总固体"的原因是,溶解性固体或可溶性固体总量,含义明确,是用来评价地下水矿化程度的重要指标,作为一项检测内容,有现行有效的测试方法,而矿化度容易造成理解上的分歧,且现行标准中均未载入测试方法。

2008 年 12 月 29 日我国发布了第三个矿泉水国家标准《饮用天然矿泉水》(GB 8537—2008)。本标准与 GB 8537—1995 相比主要变化如下:①由"全文强制"改为"条文强制",即本标准的"3 术语和定义""5.2 水质要求""8.1.1 产品标签"为强制性的,其余为推荐性的。②完善了天然矿泉水的定义。③增加了产品分类,根据产品中二氧化碳的含量分为四类产品。④删除了水源要求的具体条款,按《天然矿泉水地质勘查规范》(GB/T 13727)执行。⑤界限指标去掉 1 项(溴化物)。⑥限量指标增加 4 项(锑、锰、镍、溴酸盐)、修改 4 项(镉、砷、硼、氟化物)、删除 4 项(锂、锶、碘化物、锌)。⑦污染物指标增加 2 项(阴离子合成洗涤剂、矿物油)、修改 1 项(亚硝酸盐)。⑧微生物指标增加 3 项(粪链球菌、铜绿假单胞菌和产气荚膜梭菌)、删除 1 项(菌落总数)。⑨删除附录 A 饮用天然矿泉水源评价报告资料要求(参考件),将附录 B 改为附录 A。

2018 年 6 月 21 日我国发布了第四个矿泉水国家标准《食品安全国家标准 饮用天然矿泉水》(GB 8537—2018)。本标准与 GB 8537—2008 相比,主要修改了水源要求、感官要求、界限指标、限量指标、微生物限量,删除了标志条款中的部分要求。

我国《食品安全国家标准饮用天然矿泉水》(GB 8537—2018)中做如下规定:

锂(Li)含量≥0.20 mg/L;

锶(Sr)含量≥0.20 mg/L(含量为0.20~0.40 mg/L时,水温必须在25℃以上);

锌(Zn)含量≥0.20 mg/L;

偏硅酸(H_2SiO_2)含量为25.0 mg/L以上(含量为25.0~30.0 mg/L时,水温必须在25℃以上);

硒(Se)含量≥0.01 mg/L;

游离二氧化碳含量≥250 mg/L;

溶解性总固体含量≥1000 mg/L。

与老标准GB 8537—2008对比,删除了界限指标中的碘化物指标。现在居民普遍食用碘盐,不再缺碘,碘摄入过量也可导致甲状腺功能减退症、自身免疫甲状腺病和乳头状甲状腺癌等疾病,所以删除了碘化物界限指标。

以上七种微量元素或气体、化学组分只要有一种达到规定标准,就可认为是饮用天然矿泉水;如果有两种或两种以上的达标元素达到规定标准,就可以认为是优质天然矿泉水。

我国目前已发现的饮用天然矿泉水类型有近二十种,分别是:偏硅酸、锶、锌和锂矿泉水;偏硅酸、锂和锶的矿泉水;碳酸、偏硅酸和锶的矿泉水;偏硅酸、锶和锌的矿泉水;偏硅酸和锂的矿泉水;锶和溴的矿泉水;硒和偏硅酸矿泉水;锶和锂的矿泉水;碳酸和偏硅酸矿泉水;碳酸和锶矿泉水;锶和锌矿泉水;偏硅酸和锶的矿泉水,此外,还有一项达标的矿泉水类型。

2.2.2 我国饮用矿泉水相关标准

1)《天然矿泉水资源地质勘探规范》

1992年10月7日我国首次发布了国家标准《天然矿泉水地质勘探规范》(GB/T 13727—92)。其规定了天然矿泉水(医疗、饮用矿泉水)的勘探程度、勘探质量、储量计算、水源地保护、开发技术经济评价及报告编制的基本要求。它是天然矿泉水质勘探设计书编制、工作布置、报告编写与审批的主要依据。也可供天然矿泉水地质普查、详查工作参考。

2016年8月29日我国发布了《天然矿泉水资源地质勘查规范》(GB/T 13727—2016),以代替《天然矿泉水地质勘探规范》(GB/T 13727—92)。

GB/T 13727—2016与GB/T 13727—92相比,主要变化如下:

（1）名称修改为《天然矿泉水资源地质勘查评价规范》；

（2）修订完善了天然矿泉水资源定义；

（3）简化了天然涌出泉和单井采水水源地的勘查评价技术要求；

（4）强调水源地防护和开发后的动态监测；

（5）修订了理疗天然矿泉水资源水质标准。

《天然矿泉水资源地质勘查规范》（GB/T 13727—2016）规定了天然矿泉水资源（饮用天然矿泉水资源、理疗天然矿泉水资源）的定义，水源地地质勘查评价技术要求，水源地保护、报告编写的基本要求。矿泉水资源勘查评价报告是矿泉水资源开发审批的主要依据。

2)《饮用天然矿泉水检验方法》

为了配合我国第一个矿泉水国家标准《饮用天然矿泉水》（GB 8537—1987），我国同步制订和发布了《饮用天然矿泉水检验方法》（GB 8538—1987）。该标准以 63 个分标准形式出现，分别用 GB 8538.1—1987 至 GB 8538.63—1987 标注。这为矿泉水生产检测和监督检测提供了检测方法，为矿泉水行业管理提供了科学依据，为提高矿泉水生产质量和卫生安全水平发挥了积极作用。

为了配合我国第二个矿泉水国家标准《饮用天然矿泉水》（GB 8537—1995）。我国同步制订和发布了《饮用天然矿泉水检验方法》（GB 8538—1995）。

为了配合我国第三个矿泉水国家标准《饮用天然矿泉水》（GB 8537—2008）。我国同步制订和发布了《饮用天然矿泉水检验方法》（GB 8538—2008）。该标准正文中收录了《饮用天然矿泉水》（GB 8537—2008）中强制要求的全部检验项目，附录中的检验项目在需要时（如水源水监测时）供参考使用。

为了贯彻落实《食品安全法》及其实施条例、配合我国第四个矿泉水国家标准《食品安全国家标准 饮用天然矿泉水》（GB 8537—2018）。我国制订和发布了《食品安全国家标准 饮用天然矿泉水检验方法》（GB 8538—2016）。该标准整合的两项标准分别为：《饮用天然矿泉水检验方法》（GB/T 8538 - 2008，国家质量监督检验检疫总局、国家标准化管理委员会发布）、《饮用天然矿泉水中氟、氯、溴离子和硝酸根、硫酸根含量的反相高效液相色谱法测定》（GB/T 5009.167 - 2003，中华人民共和国卫计委、国家标准化管理委员会发布）。

3)《绿色食品 天然矿泉水》

农业行业标准《绿色食品 天然矿泉水》（NY/T 2979 - 2016）于 2016 年 11 月 2 日由农业部农产品质量安全监督局批准发布（公告号为第 2461 号），于 2017 年 4 月 1 日起实施。

绿色食品标准化生产在提升农产品质量水平、推进绿色食品产品认证、标志使用、为人民提供绿色消费和调控国际贸易等方面发挥着越来越重要的作用。随着人们生活观念的转化，我国消费者对饮用水的认知有了明显的转变，不仅要求饮用安全的水，而且还追求对身体有益。

天然矿泉水是从地下深处自然涌出的或经钻井采集的，含有一定量的矿物质、微量元素或其他成分，在一定区域未受污染并采取预防措施避免污染的水；在通常情况下，其化学成分、流量、水温等状态指标在天然周期波动范围内相对稳定。目前由于生产企业良莠不齐，有少部分天然矿泉水中微生物、溴酸盐偏高，存在一定程度的安全隐患；此外随着产地环境受农业和工业污染的日益严重，矿泉水水质安全问题已成为社会舆论关注的焦点之一。作为绿色食品级别的天然矿泉水应该在质量上优于普通食品级天然矿泉水，国家标准《饮用天然矿泉水》(GB 8537—2018)适用于食品级饮用天然矿泉水，其内容基本未涉及农业和工业对大气的污染因素。为了使绿色食品级天然矿泉水名副其实，在质量上确实优于食品级天然矿泉水，也为了健全完善绿色食品标准体系，促进天然矿泉水产业健康持续发展，制定了《绿色食品 天然矿泉水》标准。

该标准分为主体部分和附录部分。主体部分介绍了标准的范围、规范性文件、术语和定义、产品分类、要求、检验规则、标签、包装运输和贮存，其中要求部分从水源、生产过程、水质和净含量4个方面详细规定了绿色食品天然矿泉水的基本要求。附录部分规定在对天然矿泉水进行绿色食品认证时必须检测的项目。

4)《食品安全国家标准 食品中污染物限量》

强制性国家标准《食品安全国家标准 食品中污染物限量》(GB 2762—2017)规定了食品中铅、镉、汞、砷、锡、镍、铬、亚硝酸盐、硝酸盐、苯并[a]芘、N－二甲基亚硝胺、多氯联苯、3－氯－1，2－丙二醇的限量指标。与国家标准《食品安全国家标准 饮用天然矿泉水》(GB 8537—2018)配套使用。

5)《食品安全国家标准 预包装食品标签通则》

强制性国家标准《食品安全国家标准 预包装食品标签通则》(GB 7718—2011)对现行涉及食品标签管理的法规、标准进行了清理整合。修订后的标准强调了食品标签中食品添加剂的标示方式，要求所有食品添加剂必须在食品标签上明显标注。同时，食品标签应当真实、准确、通俗易懂、有科学依据，不得标示违背营养科学常识的内容，也不应具有暗示预防、治疗疾病作用的内容；食品名称应当反映食品的真实属性，所使用的商品名称不应对消费者产生误导；标准进一步明确了生产日期和保质期的标示规定，规定了食品生产者、经销者的名称、地址和联系方式标示要求，增加了推荐标示可能对人体致敏物质的要求。新标准既体现了食品安全标准的基本要求，又保证了消费者的知情权，提高了标准实施的可操作性。该标准是国家质量监督部门对饮用天然矿泉水产品进行监督抽查的依据之一。

2.2.3 国内现行商品矿泉水类别

饮用矿泉水由于含有多种人体必需的微量元素,具有健身、延年益寿的独特功能,因而深受国内外各界人士的欢迎。现饮用的矿泉水种类很多,大致可分为:

(1)天然矿泉水:不经任何加工处理的矿泉水,即来自地下深部循环的天然露头或经人工揭露的深部循环的地下水,含有一定量的矿物盐或微量元素。对饮用的天然矿泉水要求是:含无机盐 1 g/L 以上,微生物特征符合卫生标准。

(2)混合水:由两种以上的矿泉水混合制成。

(3)仿制矿泉水:以蒸馏水为基础,加入各种矿物质人工合成。如麦饭石矿泉壶。

(4)矿泉水饮料:以矿泉水为基础,加入各种果汁、香精、糖料等制成。

(5)其他类型:如矿泉水锭剂,可溶性茯苓多糖矿泉水、猕猴桃矿泉水。

3　矿泉水的评价

3.1　矿泉水水质评价

矿泉水是一种珍贵的天然液体矿产资源。与固体矿产资源相比，它可以用较短的时间和有限的投资探明资源情况，从而迅速得到开发利用，并使之商品化以得到经济效益。饮用天然矿泉水的开发利用，已引起各界广泛重视。因此，对矿泉水的合理评价就显得十分重要了，对于矿泉，要进行地质勘探工作，开展矿泉形成和贮存条件的研究、矿泉水资源及动态研究、矿泉水物理和化学特征及运动条件研究、矿泉水资源动态研究和医疗特征研究，在此基础上才能着手矿泉水的开发。这里着重介绍矿泉水的物理和化学特性评价。

3.1.1　矿泉水的物理特性评价

初步工作是观察矿泉水的感官指标，即色度、味觉和嗅觉、浑浊度、肉眼可见物等，以确定水样是否有进一步评价的价值。

由于矿泉水是以含有许多宏量元素和微量元素而构成具体特征的水质，因而它的一些物理性质与化学成分是分不开的，并且还取决于化学成分。所以，不同类型的矿泉水具有不同的物理特征。

(1)色度

纯净的水一般是无色透明的。但矿泉水中溶入了较多化学元素，即含有较多的水合金属离子如铁、锰、铜等以及一些浮游生物时，就会表现出颜色特征。

(2)浑浊度

这是矿泉水的一种光学性质，是由于矿泉水中存在的胶体物质或者一些不溶解的黏土类细小悬浮物而使矿泉水产生浑浊。浑浊度愈大，透明度愈小。

一般情况下，产生于断裂花岗岩层之中的矿泉水，含有偏硅酸、锶、铝、硒等，其浑浊度极少超过 5 度，肉眼观察都是无色透明。

产自石灰岩中的碳酸水出露地表一小时左右就容易变成明显的乳白色悬浮液，其中的乳白色物质为极其细微的碳酸钙颗粒。

（3）臭和味

这两种感官指标有相似之处，均为化学性的感官指标，所以在矿泉水中含有不同的化学物质，就会产生不同的臭和味。

根据泉水的味道基本上可以判断出泉水的类型。咸味表示水中含氯化物（ > 165 mg/L），常称"食盐泉"；带微甜味表示含硫酸钙（ > 70 mg/L）；带微苦味则表示含氯化镁（ > 135 mg/L）；带涩味表示水中含有铁（ > 0.15 mg/L）；像汽水一样的麻辣味表示为碳酸泉水；放出臭鸡蛋的腐臭气表示是硫磺泉。

总而言之，水的外观与口味良好、无变化是作为饮用矿泉水必备的基本条件。

3.1.2 矿泉水的化学特性评价

矿泉水勘查工作者的初步工作是测定矿泉水的温度、流量、pH、达标元素（着重测偏硅酸、游离二氧化碳、锂、锶、锌、硒、溶解性总固体含量）以确定水样是否有价值进一步评价。如果这些指标与矿泉水指标要求相距甚远，则无必要继续进行更详细的分析。进一步的工作是测定水中 46 项元素以及大肠杆菌群、粪链球菌、铜绿假单胞菌和产气荚膜梭菌 4 种微生物限量指标。按照上述成分测定或根据水温已能初步确定水样是否属于矿泉水。

矿泉水水质评价主要是以矿泉水中宏量元素和微量元素为依据，严格按照我国饮用天然矿泉水标准 GB 8537—2018 和饮用天然矿泉水检验方法 GB/T 8538—2016 的规定，采取水样进行化学分析，确定其感官指标、界限指标、限量组分、污染物组分和微生物的含量。作为饮用矿泉水源，必须具备下列一些基本条件

（1）口味良好，风格典型。感官指标是评价矿泉水质量中的重要指标，必须符合《饮用天然矿泉水》（GB 8537—2018）标准中的要求，即：色度 ≤ 10 度（不得呈现其他异色）；浑浊度 ≤ 1NTU；具有矿泉水特征性口味，无异味、无异嗅；允许有极少量的天然矿物盐沉淀，无正常视力可见外来异物。

（2）含有对人体有益的成分。必须要有一项或多项化学成分达到了我国《饮用天然矿泉水》标准（GB 8537—2018）中的界限值。

（3）有害成分（包括放射性）不得超过标准。当已确定有某项或几项化学成分达到标准中的界限时，还要求一些微量元素、污染指标、放射性指标和微生

物指标符合《饮用天然矿泉水》(GB 8537—2018)标准中的限量指标要求。

(4)在装瓶后的保存期(一般一年)内,水的外观与口味无变化。当界限指标、限量指标均达到标准中的要求时,还要考查其中主要化学成分在一年中的各个季节的分析结果是否稳定,尤其是雨季和旱季(湖南雨季为 4 月、5 月、6 月;旱季为 11 月、12 月、次年元月)两次的分析结果应基本一致。

因此必须从化学分析、微生物学检查和评价等方面综合了解矿泉水的品质,并且还要观察矿泉水的装瓶稳定性。一般来讲,产自花岗岩类构造断裂带的矿泉水稳定性较好。而产自变质灰岩中的一些矿泉水和碳酸型矿泉水,稍经放置,易变浑浊,显然不能瓶装和保存。

进行化学分析的一般步骤是:

(1)元素普查

2000 年以前,最常用的方法是对石英皿或铂皿中蒸发干固的干渣进行发射光谱分析。由于矿泉水蒸发浓缩了数百到一千倍,往往可以检出浓度为 $10^{-9} \sim 10^{-6}$ 的元素。光谱分析对砷、硒等元素的灵敏度很低,而对一般元素灵敏度都很高。

目前元素普查最常用的方法是电感耦合等离子体发射光谱法或电感耦合等离子体质谱法,对水样直接进行多元素含量的测定,更加方便快捷,灵敏度更高。

(2)水中主成分的分析

采用国内权威单位颁布的水分析方法或国家标准方法,如我国组织颁布的《饮用天然矿泉水检验方法》(GB 8538—2016)。应该说明的是,这些方法都是足够准确的,可以根据具体情况加以运用。硬度、钙、镁元素等可采用 EDTA 铬合滴定法;碳酸氢根采用酸碱滴定法;氯离子用沉淀滴定法或比浊法;碳酸根采用沉淀滴定法、络合滴定法;钾、钠元素采用火焰光度法;氟离子采用比色法或离子选择电极法;硝酸根采用变色酸比色法;亚硝酸根采用比色法;磷酸根采用钼兰比色法;铵离子采用奈氏试剂比色法等。对于痕量元素,先采用有机试剂萃取,再用原子吸收光度法测定比较灵敏、快速和准确。对于汞、砷、硒等元素,则选用灵敏度高和准确度足够高的方法,如原子吸收、导数催化示波极谱法,这些方法可以测到 10^{-11} 的浓度或更低的浓度。若有先进的大型检测仪器设备(如电感耦合等离子体发射光谱仪、电感耦合等离子体质谱仪、离子色谱仪等),则更加高效快捷。

应注意严格遵守取样、制样、分析等方面的规定,最大限度地防止因人为污染或痕量元素被容器吸附造成的误差。

(3)放射性分析——测定总 α、β 放射性

必要时测定镭、氡、钍的含量。取样方法、测定时间均应严格遵照规定进行。

(4)微生物学检查

用专门的无菌采样瓶取样,用经典方法检查大肠杆菌、粪链球菌、铜绿假单胞菌和产气荚膜梭菌4种微生物限量指标。只有当地卫生防疫站进行的微生物学检查结果才具有法律效力。

那些含有害物质超过卫生标准的水或业已证明属于被污染的水(如检查出氯化物、六价铬可证明水被工业污染;同时检查出铵离子、磷酸根、亚硝酸根可证明水被粪便污染),就谈不上对它们进行评价了。根据水文地质资料、化学分析、放射性检查、微生物检查和品尝结果,可以将水进行恰当分类,对那些符合矿泉水定义的水样进一步进行评价。

评价矿泉水时,水文地质和化学分析方面的工作都是耗费人力的,因此不要轻易对一个水源进行评价,更不要凭主观愿望认定任何一种水源为"矿泉水"。一般水文地质队对当地水源已进行了水文地质调查和水质分析,根据这些材料能初步判断水源是否属于矿泉,绝大多数泉水都属于淡水,不属于矿泉水,对于这一点应有清楚的认识。对矿泉水的评价应以科学为依据,不以传说为依据。

3.2 矿泉水的采样与保存

水质分析数据是评价矿泉水的主要依据。正确的取样方法、合理的保存、及时送检是保证矿泉水分析质量具有真实性和代表性的先决条件。为了获得可靠的分析数据,不仅要采用灵敏、准确的分析方法,还必须有采样的样品保存知识,以防止从采样到分析这段时间内水质发生物理、化学和微生物变化,从而影响分析结果的准确度和可靠性,耽误了工作,造成财物损失。因此,水样的采取和保存技术至关重要。1985年地质矿产部制定了《水样的采取、保存和送检规程》。根据《饮用天然矿泉水检验方法》(GB 8538—2016)的要求将有关采样技术介绍如下,供从事矿泉水开发工作的人员参考。

3.2.1 采样容器的选择与洗涤

(1)采样容器的选择

容器材料对样品化学组分的稳定性有较大的影响,因此必须根据将测组分的性质,选用适当的容器。通常选用磨口硬质玻璃瓶和高压无色聚乙烯塑料瓶。

（2）采样容器的洗涤

①新启用的硬质玻璃瓶和聚乙烯塑料瓶，必须先用硝酸溶液（1＋1）（一体积浓硝酸加入一体积的水，下同）浸泡一昼夜后，再分别选用不同的洗涤方法进行清洗。

②硬质玻璃瓶先用盐酸溶液（1＋1）（一体积浓盐酸加入一体积的水，下同）洗涤后，再用自来水冲洗，最后用少量蒸馏水冲洗。

③聚乙烯塑料瓶可根据具体情况，选用盐酸溶液或硝酸溶液（1＋1）洗涤，也可用浓度为10%氢氧化钠或碳酸钠溶液洗涤，再用自来水冲洗，最后用少量蒸馏水洗。

④用于微生物检验的样瓶洗净后需经160℃干热灭菌2 h或121℃高压蒸汽灭菌15 min。

⑤用洗净的水样瓶取样前，必须在取样现场，用待取水样的水冲洗取样瓶3次（用于微生物检验的水样除外）。

3.2.2　采取水样的方法和要求

天然矿泉水的采样应避免在静滞的水池中采集，而应选择尽量靠近主泉口集中冒泡处或泉的主流处，在流动但又不湍急的水中采样。

喷泉或自流井的采样，可在涌水处使用清洁导管将主流导出一部分采集。

对于抽水井和钻孔，采样前应先开泵15~30 min，抽出相当于井筒贮水体积2~3倍的水量，将停滞在抽水管内的水全部抽出，再进行取样。

取平行水样时，必须在相同条件下同时采集，容器材料也应相同。

采样时需在野外现场测定水温、pH，观察和描述水的外观物理性质（色、臭、味、肉眼可见物等），对于碳酸矿泉水，应现场测定游离二氧化碳、碳酸氢根、碳酸根、钙离子、镁离子的含量。

取样时应使水缓缓流入采样瓶中。采样时瓶口要留有1%~2%的空间。采好后立即盖好瓶塞（不可用橡皮塞，以防污染水样），用纱布缠紧瓶口，最后用石蜡将瓶口严密封固，加贴标签。标签上必须注明样品编号、取样地点、采样时间、水温与气温，加入的保护剂量和测定要求等。在水样送样单上应注明水源种类、采样层位和深度。

3.2.3　取样数量

采取水样的数量，根据水分析类型和测定项目的多少不同而定，一般要求为：

（1）简分析：测定项目包括 pH、游离二氧化碳、氯离子、硫酸根、重碳酸根、碳酸根、氢氧根、钾离子、钠离子、钙离子、镁离子、总硬度及总矿化度（即溶解性总固体浓度）等，采样体积为 0.5~1 L。

（2）全分析：除包括简分析项目外，另增加铵离子、全铁（三价铁和二价铁）、亚硝酸根、硝酸根、氟离子、磷酸根、偏硅酸及耗氧量等项目，采样体积2.5 L。

（3）专项分析：包括铅、锌、铜、镉、总铁、锰、钡、锶、铝、硒、砷、锂、铷、铯、汞、铬、镍、钴、钡、铍、锡、钛等，采样体积为 1~2 L。

3.2.4 水样的保存

各类分析水样的采集，必须符合下述采样和保存的有关规定。

（1）原水样：即水样不加任何保护试剂，供测定 pH、游离二氧化碳、碳酸氢根、碳酸根、硝酸根、亚硝酸根、氯酸根、硫酸根、氟离子、溴离子、碘离子、硼酸根、铬、偏硅酸、溶解性总固体等项目。用硬质玻璃瓶或聚乙烯塑料瓶取2500 mL 水样（测定硼和偏硅酸的水样必须用聚乙烯塑料瓶），并尽快送检。

（2）酸化水样：取容积为 1000 mL 的干净硬质玻璃瓶或聚乙烯塑料瓶，用待测水样冲洗后，加入 5 mL 硝酸溶液（1 + 1），转动容器使酸浸润内壁，装入1000 mL 待测水样（若水样浑浊，必须进行过滤），摇匀（水样 pH 应小于 2），密封（瓶盖不能用胶塞，也不能用胶布缠封，以防锌等污染），供测定铜、铅、锌、镉、锰、总铁、镍、钴、铬、锂、铍、锶、钡、银、钒、钙、镁、钾、钠等项目。用容积为 100 200 mL 的硬制玻璃瓶或塑料瓶取水样，加硫酸溶液（1 + 1）（一体积浓硫酸加入一体积的水，下同）酸化，使 pH <2，供测定砷。

（3）碱化水样：取水样 2000 mL 于硬质玻璃瓶中，加入 5 mL 氢氧化钠溶液（400 g/L）（或 1 g 固体氢氧化钠），摇匀，使水样 pH≥12，密封，低温保存，供测定挥发性酚类和氰化物。

（4）测定亚铁、三价铁的水样：取水样 250 mL 于聚乙烯塑料瓶或硬质玻璃瓶中，加入 2.5 mL 硫酸溶液（1 + 1）和 0.5 g 硫酸铵，摇匀、密封。

（5）测定硫化物的水样：在 500 mL 硬质玻璃瓶中，加入 10 mL 乙酸锌溶液（200 g/L）和 1 mL 氢氧化钠溶液[$c(NaOH) = 1$ mol/L]，然后注入水样（近满，留少许空隙），盖好瓶塞反复振摇，密封。在水样标签上要注明所加试剂的准确体积。

（6）测定氨的水样：用 1 L 硬质玻璃瓶，注满水样（不留空隙），密封，记录取样时间（年月日时分）。立即送实验室测定。

（7）测定侵蚀性二氧化碳的水样：取 250 mL 水样，加入 2 g 碳酸钙粉末（或大理石粉末），瓶内留有 10~20 mL 的容积空间，密封送往实验室。

3.3 矿泉水审批制度与政策法规

矿泉水是国家宝贵的矿产资源，作为饮料又与人体健康密切相关，按照国家规定，生产矿泉水必须严格地执行国家的政策法规，取得三证，即由地矿主管部门颁发的矿泉水鉴定证、矿泉水开采证，由卫生防疫部门出具的食品卫生许可证。

开发单位和个人一定要委托取得了认证资格的地质勘查单位进行天然矿泉水勘查评价。勘查单位一定要写出《××省(区、市)××县(市)××饮用(理疗)天然矿泉水资源勘查报告》。该报告须经省级以上天然矿泉水技术评审组评审，发技术鉴定书。

（1）凡是从事矿泉水资源勘查和开发利用的单位和个人，均应严格按照《矿产资源法》进行勘查登记和申报采矿(开采)许可。

（2）矿泉水普查、详查报告由地质矿产行政主管部门组织审批，其中拟供开发利用作依据的详查报告，经地矿主管部门审查后，由全国或省、区、市储委审批。

（3）天然矿泉水勘查报告未经审批、批准的不得作为开发利用的依据，主管单位不予批准立项，银行不予贷款，矿管部门不予发证，土地管理部门不予批准建设用地。

（4）矿泉水生产厂家未取得食品卫生许可证者，不允许其产品在市场上流通，对非法上市产品坚决予以取缔，以确保消费者健康。

矿泉水开发利用之前必须通过当地省级矿泉水技术评审委员会的评审鉴定和矿产资源储量评审机构评审备案。其规定的程序如下：

①项目的立项及探矿权设置方案编制。

矿泉水属于宝贵的矿产资源，其勘查评价工作应按照国家有关规定进行。如果已对某水源的水质、水量等情况有了初步了解，并认为其符合做饮用天然矿泉水水源的要求，在做好开发利用的可行性论证的同时，应首先到水源所在地(区、县)的自然资源管理部门申请该矿泉水勘查评价的立项，申请的内容包括项目名称、探矿权申请人、勘查单位及申请的地理位置和勘查面积(单个泉或井一般在 1.5 km² 以内，但不少于 6 个小区块)。如果当地国土资源管理部门将该项目列入矿产资源开发计划，应编制探矿权设置方案，并逐级上报政府批准。

②探矿权(勘查许可证)的取得。

探矿权设置方案得到省自然资源厅批准后,按照规定提交拟评价矿泉水水源地探矿权申请资料,包括:探矿权申请登记书(附电子文档);勘查工作计划书(计划项目)或勘查合同书(市场项目);勘查单位资格证书复印件;勘查项目资金来源证明文件;探矿权申请人营业执照或本人身份证复印件;勘察设计或实施方案(含交通位置图、水文地质图等);申请勘查区范围图;申请的区块范围图。经各级自然资源主管部门核实后,由省自然资源厅下发勘查许可证。据此可开展矿泉水水源地的勘查评价工作。

③矿泉水水源地的勘查评价。

矿泉水的勘查评价,是矿泉水开发利用的基础工作,它涉及地质环境、地理、地貌、构造、水文地质条件、水化学特征、水质和水量的稳定性以及补给条件、水的感官状况和污染状况等诸多方面,需要综合分析、综合评价。决定矿泉水具有开发利用价值最主要的条件是水质和水量评价。对矿泉水而言,不确保水的质量,不能成为矿泉水;而不确定水量,则不能确定建厂规模和生产能力。因此要严格按照国家标准开展勘查评价工作。

A.水质评价:主要是依据水的感官性指标、物理性质和化学成分等参数,对矿泉水的利用价值做出合理的判定。其主要内容通常包括水化学类型的划分、作为饮用矿泉水的评价、作为医疗矿泉水的评价、高温矿泉水作为能源利用的评价等。

(a)根据矿泉水中常量化学组分的含量确定其水化学类型。常量化学组分是指主要的阴、阳离子,即 CO_3^{2-}、HCO_3^-、Cl^-、SO_4^{2-}、K^+、Na^+、Ca^{2+}、Mg^{2+}。水化学类型即按含量大于 25% mEq(1 mEq = 1 mmol/kg)的阴、阳离子顺序命名。

(b)根据某些指标元素(成分)的含量确定饮用天然矿泉水和医疗矿泉水的类别。凡是有某项或几项化学成分达到我国饮用天然矿泉水标准(GB 8537—2018)规定的界限指标,同时其他化学成分、感官指标、污染指标、微生物指标等也符合要求的,可定为饮用天然矿泉水。当有一项以上化学成分达到我国医疗矿泉水分类方案中的界限指标时,可定为医疗矿泉水。

(c)需要在一个水文年内对拟评价的矿泉水做丰、平、枯水期的水质检测(采样的间隔期为 4 个月,每次采 2 组平行样品,分别送到经计量认证的实验室检测,微生物指标送地级市以上卫生防疫部门检测)。在水质评价中,还应查证水中主要化学成分 K^+、Na^+、Ca^{2+}、Mg^{2+}、Cl^-、SO_4^{2-}、HCO_3^- 及可溶性总固体含量是否相对稳定,在一年的丰、平、枯水期内,其变化范围不应超过20%。

B.水量评价：矿泉水水量评价是水源地评价的重要组成部分，是决定开发和建厂规模的主要依据，必须对矿泉水源地勘查资料进行全面系统的综合分析。

C.勘查评价报告编制：经过野外调查和一个水文年以上的动态观测后，可综合所获得的水质、水量、水温和水位等资料，结合水源地的地质、水文地质情况，按我国《天然矿泉水资源地质勘查规范》（GB/T 13727—2016）的规定编制矿泉水勘查评价报告。

4 矿泉水的地质勘查工作

4.1 矿泉水的勘查

天然矿泉水资源地质勘查的目的,是为资源认定、科学规划、合理开发利用天然矿泉水资源提供依据,以减少资源开发中的风险,取得最大的经济、社会和环境效益。

天然矿泉水水源地勘查是对潜在矿泉水资源或已经开采的矿泉水水源地进行的综合地质勘查工作,主要任务是查明天然矿泉水资源的赋存条件和分布规律,圈定可供开发利用的地区和水源地,确定合理开发利用量,并对其开采技术经济条件和资源、环境保护做出评价,提出合理开发利用的方案建议。

对已经开采的矿泉水水源地,应重点开展水位(水量)、水温、水质的系统监测与综合分析研究,准确划定矿泉水水源地保护区,核算矿泉水开采量,为矿泉水开发管理或扩大开采提供依据。

矿泉水是在特定地质条件下形成的一种宝贵的液态矿产资源,其勘查方法与固体矿产普查勘探方法基本相同,须严格执行我国《天然矿泉水资源地质勘查规范》(GB/T 13727—2016)的规定。

众所周知,泉是地下水涌出地表的天然出露点,当含水层或含水的通道由于岩浆岩与地壳断裂活动所侵蚀、破坏而出露到地面时,地下水就涌出成泉。在山区,泉水多出露在河谷和冲沟之中;在丘陵地带,泉水多出露在基岩山麓、孤山的山脚;在平原地带,泉水多出露在河谷、冲沟切割地带。

当泉水被发现了之后,要对其进行全面的调查研究,并做出判断,看它是不是矿泉水,它属于哪种矿泉水类型,它们的化学特征和成因是什么,它们是从何处得到水源补充,它们的物理化学性质是否稳定,水量大小如何。

4.1.1 矿泉水的普查

矿泉水的地质勘查工作，首要的工作任务是采取泉水样进行感官性状、微生物学、放射性学、毒性学指标、气体组分等的测定，以判断该泉是否为矿泉。同时要弄清矿泉的地理位置、岩层性质与断裂构造情况，然后进行普查。普查的方法主要是向当地农民调查饮用矿泉水治病的情况，了解当地老百姓的健康状况，了解矿泉的流量、水温的年度、季节性变化。通过以上调查，就可大致判断出矿泉的类别、水的化学类型、矿泉水的来源和流量等基本情况。

4.1.2 地质工作调查

矿泉水地质工作调查的目的，是要详细了解矿泉水出露区的地质构造条件、矿泉水区地层、地表岩芯观察到的近代地下流体引起的蚀变，以及沉淀析出物，研究矿泉水与水源地在空间位置上的联系。从岩石化学成分、矿物成分研究其与矿泉水间可能存在的联系，研究构造断裂－裂隙系统，基岩风化裂隙系统在平面和深部的延伸、分布，以及其对出露矿泉水水源地富水性的影响。地质调查面积根据矿泉水地质构造的复杂程度，以及需要研究的地区而定，一般要 50 km^2。

4.1.3 水文地质工作

水文地质调查的目的是要研究矿泉水形成的区域地质构造、矿泉水区域地下淡水与矿水的分布及埋藏情况、水质特征和成因关系。

1) 矿泉水分布范围的确定

要了解矿泉水的埋藏与分布范围可以从地表松散岩层的地温与松散岩层中潜水的水位、水温和化学成分浓度的变化来判断。因为潜水的化学成分浓度及其扩散的情况，可以反映出下伏基岩裂隙水的分布规律。

要了解矿泉水的分布规律，除了上述从潜水化学成分浓度的变化来判断外，还可以从地表的自然景观现象分析判断，主要根据以下三方面的情况：

（1）植物生长的差异情况：地下水的水温与水质不同使植物的生长有显著的差异。据此，便可概略圈出矿泉水在地下的分布范围。

（2）积雪融化情况：地下水热矿泉的温度要高于一般的地下水，在地下热水分布带的地表面，冬季降雪后较易融化。而当冬季河流结冰时，在矿泉出露点的附近，河水流动并畅通无阻，且还冒热气。在矿泉出露点的延长方向上没有积雪现象。

（3）地方性疾病的分布：根据矿泉水地区居民所患的氟斑牙、甲状腺肿等地方性疾病的分布状况也可以大致圈出矿泉水的分布范围。

此外，还可用物探方法(电法、重力、磁法、测温法、射气测量法)来测量矿泉水的分布规律。

2)矿泉水动态研究

对于矿泉水的泉(孔)及其周围地表水体，要定期观测它们的水量、水位、水温动态，确定其在枯水期、丰水期、平水期的动态特征，研究各类水体与矿泉水之间的关系。如矿泉水温度下降、涌水量加大，则表示其他水体流入热矿泉水；如矿泉水的涌水量与水在一年中都比较稳定，则表示没有其他水体流入矿泉。又如，在寒带长期冻结区，土壤、河、湖冻结时，矿泉水量逐渐减小，而水温相应地升高；当土壤、河湖融化时，矿泉涌水量逐渐升高，水温则相应地降低。如矿泉水涌水量有变化，而水温却稳定不变时，表示同样温度的其他水体进入了矿泉。如矿泉涌水量增加，而水的矿化度(即溶解性总固体)降低，则表示其他水体流入了矿泉水。如矿泉涌水量和矿化度(即溶解性总固体)都是稳定的，则表示矿泉水与其他水体没有任何关系。

3)矿泉水水源地调查

要详细确定矿泉水出露地区的水文地质状况，必要时需辅以钻探和坑探工作，要对水源地进行比例尺1∶25000～1∶5000的综合水文地质调查，并对矿泉(孔)水源地所有的井、泉、孔进行水温、水化学成分等的测定。据此来编绘矿泉水区的平面图和剖面图，可由水化学成分等量线图与水位等量线图来表示地下矿泉的一些情况。

4.1.4　设计出合理的引水工程

矿泉水的勘探报告评审后，开发单位要设计出合理的引水工程。为了有效地利用矿泉水，必须设置专门的取水建筑物，即引水建筑物。引水工程不仅是为了取水方便，也是为了最完善地采取地下水，以及保持水的自然状态。

根据矿泉的不同出露条件，采用的引水方法也随之不同。对天然涌出到地表的矿泉水必须进行地表清理，开挖槽浅井，在泉眼处装置引水工程。而没有出露于地表的水，例如，坚硬岩石，必须利用大口井或钻井引水，在山坡上，则用水平廊道、堑沟水平引水。

矿泉水的类型往往决定引水工程的深度和建筑材料的种类。碳酸水要用深井或深井、大口浅井和平巷联合引水，引水材料要用生铁、锡、青铜、不锈钢等。硫化氢矿泉水的深度可达500 m，引水工程材料要用石棉、水泥、木材、玻璃等。氡水要用大口井、水池、水平廊道。镭水要用深井。对于疏松沉积物与地表接近的破碎带中的氡水，引水工程不能超过10 m。

引水工程包括：引水房、输送管道或泵井、泉口及其附属设备，密接、胶结与隔离设备。

合理的引水工程还要求：

(1)泉口建筑应与集水槽、水泵房分开，以便能进行修缮工作。

(2)泉口建筑与饮泉处应设置专门的有三通管的缓冲器，以免回水。并配有出水口与测量及调节水流量的仪器。为了预防矿泉水水质受到污染，应在建筑物的周围确定卫生防护带。

4.2 矿泉水规模和储量计算

对矿泉水而言，没有水量，就不能确立建厂规模和生产能力。显而易见，矿泉水的规模大小是确定所建矿泉水厂规模大小的重要依据。

4.2.1 矿泉水规模和对储量的要求

(1)矿泉水规模：由全国矿产储量委员会提出，国家技术监督局发布的《天然矿泉水地质勘查规范》(GB/T 13727—2016)中根据允许开采量将矿泉勘探规模分为三个等级，详见表4-1。

表4-1 矿泉水勘探规模分级　　　　　　　　　单位：m^3/d

矿泉水规模	饮用矿泉水		医疗矿泉水	
	碳酸水	其他类型水	碳酸水	其他类型水
小型	<50	<100	<250	<500
中型	50~500	100~1000	250~1500	500~5000
大型	>500	>1000	>1500	>5000

(2)矿泉水储量：目前矿泉水储量的确定方法，如果是以泉的形式出露于地表时，可直接估算泉的涌水量，对于埋藏型矿泉水则需要钻井来确定可开采的储量。

4.2.2 矿泉水储量计算要求

矿泉水的储量计算即允许开采量的计算，是根据矿泉水形成的地质、水文地质条件、水动力特征及水质类型来选择合理的计算方法和各项参数的。

计算矿泉的储量，首先要测出泉的涌水量，一般采用的方法是薄壁量水堰测流法。

测量时，读出泉水全部通过量水堰的水头高度，从水头高度与流量查算表中，找到具体的数值。计算公式如下：

（1）三角堰 $Q = ch^{5/2}$

（2）梯形堰 $Q = 0.01866h^{3/2}$

（3）矩形堰 $Q = 0.01838(b - 0.2h)^{3/2}$

上述公式中：b 为堰切口底宽，cm；c 为随 h 的变化系数；Q 为流量，L/s；h 为过堰水位，cm。

矿泉水主要是以泉流量的动态资料来估算可开采量。储量的级别则依据勘查研究程度分级，一般分为 A、B、C、D 四级，单位为 m^3/d。

对于天然出露型矿泉水，单泉开发利用时，允许开采量的确可直接根据长期观测资料，用泉流量频率曲线与保证率曲线估算其可采量。A 级水源地应经过多年以上的开发验证；B 级水源地具备一年以上的连续动态观测资料；C 级水源地应具备丰水期、枯水期流量、水质、水温的动态监测资料；D 级水源地应具有泉水流量的偶测值。

对于埋藏类矿泉水，各级允许开采量的确定主要依据水源井(钻孔)的开采及抽水试验资料。A 级水源地水源井经过 3 年以上的开采期；B 级水源地应具有丰、枯水期的抽水试验资料；C 级水源地应具备按降深及抽水试验时间要求的正式抽水试验资料；D 级水源地有水源井简易抽水试验资料。

4.3 矿泉水勘查资料整理与报告编写

在野外地质、水文地质工作结束之后，应及时总结新获地质工作资料，写出矿泉水水源地勘查报告，勘查报告应在勘查工作结束后 3 ~ 6 个月内提交审查。

报告除要达到一般地质报告编写的基本要求外，特别注意要对一定时期内矿泉水开发经济效益或医疗作用进行评价。

1）资料整理要求

资料整理工作，应在认真综合分析的基础上，找出客观地质 – 水文地质条件与矿泉水形成的内在联系及规律性，以文字及图表等形式予以科学的表达。基础资料及原始数据要及时核实，达到准确可靠的标准。图表编绘力求简明清晰，说明问题。

2）报告编写要求

根据勘查工作任务的需要，提交勘查报告。勘查报告应满足水源地建设设计的基本要求。

3）报告编写内容

报告编写内容要求可参考下列模式。

（1）前言

叙述泉水的位置、出露情况、居民用水的健康状况、泉的历史沿革、人文景观以及承担勘查工作单位完成工作量等情况。

（2）矿泉水水源地自然地理条件

①交通位置

②地形地貌

③水文气象

（3）矿泉水水源地的地质水文地质条件

①地质条件

a. 地层岩性

b. 构造

②水文地质条件

a. 岩层富水性及地下水类型

b. 断裂带富水特征

（4）矿泉水水源动态特征

①水文地球化学特征

②矿泉水形成机理

（5）矿泉水水质评价

①感官特征

②矿泉水界限指标特征

③某些限量指标特征；

④污染物含量特征；

⑤微生物含量特征；

（6）矿泉水允许开采量评价

（7）矿泉水水源地保护区的建立与划分

（8）勘查工作质量评述

（9）矿泉水开发技术经济条件评价

（10）结论

（11）报告中还应有相关附图、附表

主要附图应包括的内容有：①矿泉水水源地区域地质图（比例尺为

1:100000~1:50000);②矿泉水水源地综合水文地质图(比例尺为1:25000~1:5000);③矿泉水水源地保护条件图(图上应反映矿泉水的出露条件、各级保护区的界限和范围,以及现有污染因素等);④矿泉水水源地水温、水位、水量动态曲线图;⑤水文地质剖面图;⑥钻井剖面及生产井结构图。

主要附表应包括的内容有:①钻井抽水试验成果表;②水质全分析成果表;③微生物检验成果表;④矿泉水水源水温、水位、水量动态监测数据表。

4)矿泉水开发经济评价

通过社会调查,了解矿泉水开发能否带来经济效益。提出可行性经济论证报告,给出建厂设计的建议。可行性研究报告的主要内容包括:

(1)地质条件及水文地质特征;

(2)水质评价;

(3)生产流程;

(4)生产条件(厂房、设备、人员、资金、交通、电力等);

(5)经济概算(成本估算、经济效益评估);

(6)市场预测。

5 湖南省矿泉水的形成和分布特征

5.1 湖南省矿泉水的地埋分布

湖南省矿泉水资源蕴藏丰富，分布广泛，具有良好的开发利用前景。2015年湖南省国土资源厅的调查结果显示，全省共有417处矿泉，在14个市州均有分布，其中以长沙、郴州、岳阳较多，年储量达到2000万吨。

根据湖南省饮用天然矿泉水资源开发利用综合潜力评价结果和区划方法，全省可划分为4级矿泉水开发保护区。各市、县饮用天然矿泉水分布状况详见表5-1。

由湖南省天然矿泉水开发利用区划图和表5-1可以看出，有几个地带矿泉水点特别密集，以湘东出露最多，尤其以长沙、岳阳及益阳、株洲一带分布较为集中。约占全省矿泉水点数量的2/5；其次郴州、衡阳矿泉也较集中，其矿泉水点占总数的1/5。除上述矿泉水分布集中的地带外，邵阳、怀化也是矿泉分布较集中的地带，两市拥有的矿泉水点总数均在20个以上。这一分布特征反映出湖南省矿泉水分布具有明显的向西南西北地区逐步渐少的趋势，这种趋势与湖南省地质环境和自然地理环境的变化有着密切关系。

湖南省的矿泉水绝大多数是温度较低的泉水，且大都有多种微量元素及其他化学组分。但有个别较高温度的温泉，不仅可作地热能源进行开发利用，而且具有不同的医疗价值，也可以作为医疗矿泉开发利用。但是其中也有不宜作为饮用天然矿泉水开发的。这是因为许多热矿泉水中虽含有多种有益人体健康的微量元素，但往往含量过高，超过了饮用天然矿泉水的限量标准。故不能直接饮用。例如湖南省宁乡灰汤热矿泉中含氟，水中含一定量的氟对人体是有益的，但当氟含量超过2.0 mg/L时，长期饮用即会引起氟中毒的各种病变。而灰汤的矿泉含氟量严重超标，因此这种矿泉水不经过降氟处理是不能饮用的。此外，也有一些热矿泉水在含有有益于人体健康的微量元素的同时，也含有不利于人体健康的毒性元素，例如有些热矿泉水中的铅、镉、砷、硫等含量都比较高，因此这类矿泉不可作为饮用矿泉水开发。

近年来在湖南省也陆续发现一批水温低于20℃的冷矿泉水，其中有很多是复合型，其含量已达到饮用天然矿泉水标准，是比较宝贵的复合型饮用天然矿泉水。此外，在一些新生代沉积盆地中还发现一些含偏硅酸、锶或其他微量元素的饮用天然矿泉水。例如在湖南省中部地区的衡阳盆地、长沙盆地中均发现含锶和偏硅酸矿泉水。其水温一般在20℃以下，高于当地年平均气温。

饮用天然矿泉水的调查和开发在湖南省起步较晚，但是发展很快，目前湖南省已发现和经过不同级别鉴定评审的饮用天然矿泉水的数量有限，还有一些矿泉水点正在勘察评价之中，新的饮用天然矿泉水还将会不断被发现。有些县目前几乎还是饮用天然矿泉水的"空白"，但并不意味着这些地区无饮用天然矿泉水分布。例如，新化和汉寿肯定有饮用天然矿泉水分布，只是目前还未掌握这部分资料而已。因此表5-1所展示的资料是不完全的，随着矿泉水调查和深部地勘工作的开展，肯定会有更多矿泉水被发现和揭露出来。

表5-1　湖南省饮用天然矿泉分布一览表

各市（县） 矿泉水源地	达标元素 /(mg·L^{-1})	矿泉类型	水化学类型
长沙			
天心区			
1. 湖南省人大常委会	Sr 0.70	锶矿泉	$HCO_3 - Ca$
2. 省经济管理干部学院	Li 0.24 Sr 0.70	锂锶矿泉	$HCO_3 - Ca$
3. 冻肉厂	Li 0.22 Sr 0.91 溶解性总固体 1008	锂锶矿化矿泉	$HCO_3 + SO_4 - Ca + Na$
4. 市体委	Li 0.21 Sr 0.70 溶解性总固体 1034	锂锶矿化矿泉	$HCO_3 - Ca$

各市(县) 矿泉水源地	达标元素 /(mg·L⁻¹)	矿泉类型	水化学类型
芙蓉区			
1. 荷花园小区	Li 0.22 Sr 0.91 溶解性总固体 1008	锂锶矿化矿泉	$HCO_3 - Ca$
2. 湘湖渔场	Sr 0.23	锶矿泉	$HCO_3 - Ca$
3. 新华联	Sr 0.54 H_2SiO_3 30.16	硅酸锶矿泉	$HCO_3 - Ca$
4. 马王堆	Sr 0.55 ~ 1.00	锶矿泉	$HCO_3 + SO_4 - Ca$
雨花区			
老地矿厅	Sr 0.27 ~ 0.35	锶矿泉	$HCO_3 - Ca$
开福区			
1. 省农业厅	H_2SiO_3 31.26 Sr 2.03 Br 10.00	硅酸锶溴矿泉	$HCO_3 + SO_4 - Ca$
2. 捞刀河镇茶子山	H_2SiO_3 40.60	硅酸矿泉	$HCO_3 - Na + Ca$
岳麓区			
1. 中国康复中心	H_2SiO_3 45.24	硅酸矿泉	$HCO_3 - Ca$
2. 湖南橡胶机械厂	H_2SiO_3 33.02	硅酸矿泉	$HCO_3 - Ca$
3. 长沙酒厂(北厂)	H_2SiO_3 50.70	硅酸矿泉	$HCO_3 - Ca$
4. 省科委养殖场	H_2SiO_3 46.67	硅酸矿泉	$HCO_3 - Ca$
长沙县			
1. 长沙县福临镇影珠山	H_2SiO_3 48.43	硅酸矿泉	$HCO_3 - Ca$
2. 长沙县星沙镇丁家岭村	Sr 1.52 H_2SiO_3 29.076	硅酸锶矿泉	$HCO_3 - Ca + Mg$

各市(县) 矿泉水源地	达标元素 /(mg·L^{-1})	矿泉类型	水化学类型
望城区			
1. 望城区茶亭镇九峰村	H_2SiO_3 49.26	硅酸矿泉	HCO_3 – Na + Ca
2. 望城区桥头驿镇中心村	H_2SiO_3 31.04	硅酸矿泉	HCO_3 – Na + Ca
3. 望城区高塘岭	H_2SiO_3 31.85	硅酸矿泉	HCO_3 – Na + Ca + Mg
4. 望城区金沙镇	H_2SiO_3 35.10 Zn 0.41	锌硅酸矿泉	HCO_3 – Mg
宁乡市			
1. 宁乡市城关紫金路	H_2SiO_3 26.79 Sr 0.57	硅酸锶矿泉	HCO_3 – Na + Ca + Mg
2. 宁乡市灰汤镇电力山庄	H_2SiO_3 46.67 Li 0.50	硅酸锂矿泉	HCO_3 – Na
3. 宁乡市沩山镇深坝坑	H_2SiO_3 38.61	硅酸矿泉	HCO_3 – Ca
4. 宁乡市沩山镇西门村	H_2SiO_3 54.08	硅酸矿泉	HCO_3 – Ca
浏阳市			
1. 浏阳市张坊镇禹门村	H_2SiO_3 51.35	硅酸矿泉	HCO_3 – Na + Ca + Mg
2. 浏阳市张坊镇物雷公冲	H_2SiO_3 43.42	硅酸矿泉	HCO_3 – Na + Ca
3. 浏阳市张坊镇白石材	H_2SiO_3 66.82	硅酸矿泉	HCO_3 – Ca
4. 浏阳市东门镇	H_2SiO_3 27.87	硅酸矿泉	HCO_3 – Na + Ca + Mg
5. 浏阳市山田乡瑶泉村	H_2SiO_3 56.81	硅酸矿泉	HCO_3 – Na + Ca
6. 浏阳市蕉溪乡芭蕉溪	H_2SiO_3 57.62	硅酸矿泉	HCO_3 – Na + Ca
7. 浏阳市蕉溪乡	H_2SiO_3 39.80	硅酸矿泉	HCO_3 – Na + Ca
株洲市			
1. 株洲明照乡龙洲村	H_2SiO_3 39.0 ~ 40.3	硅酸矿泉	HCO_3 – Ca + Mg
2. 株洲龙洲乡龙洲村	H_2SiO_3 31.6	硅酸矿泉	HCO_3 – Ca + Mg
3. 攸县城关镇(武功山)	H_2SiO_3 32.8 ~ 36.7	硅酸矿泉	HCO_3 – Ca
4. 攸县湖南坳乡(龙井)	H_2SiO_3 27.14 ~ 31.91	硅酸矿泉	HCO_3 – Ca + Mg

各市(县) 矿泉水源地	达标元素 /(mg·L^{-1})	矿泉类型	水化学类型
5. 株洲市鸿仙乡张公岭	H$_2$SiO$_3$ 47.3～51.8	硅酸矿泉	HCO$_3$－Na＋Ca
6. 炎陵县城关镇	H$_2$SiO$_3$ 34.44～42.7	硅酸矿泉	HCO$_3$－Na＋Ca
7. 株洲县漂沙井乡	H$_2$SiO$_3$ 51.22	硅酸矿泉	HCO$_3$－Ca＋Mg
8. 攸县柏市镇温水	Sr 2.9～3.1 H$_2$SiO$_3$ 52.2～53.6	锶硅酸矿泉	HCO$_3$－Ca＋Mg
湘潭市			
1. 湘乡市东山乡双泉村	Zn 0.48	锌矿泉	HCO$_3$＋SO$_4$－Ca＋Mg
2. 韶山市大坪乡人坪村	H$_2$SiO$_3$ 27.84～32.76	硅酸矿泉	HCO$_3$－Ca
3. 湘潭县青山桥镇三富村	H$_2$SiO$_3$ 52.0～62.09	硅酸矿泉	HCO$_3$－Na＋Ca
4. 湘潭县青山桥镇富晓村	H$_2$SiO$_3$ 70.71	硅酸矿泉	HCO$_3$－Na＋Ca
5. 湘潭县石鼓镇白沙村	H$_2$SiO$_3$ 57.52～62.38	硅酸矿泉	HCO$_3$－Na＋Ca
6. 湘潭县花桥	H$_2$SiO$_3$ 47.9～54.3	硅酸矿泉	HCO$_3$－Na＋Ca
7. 湘潭县中路铺	溶解性总固体 1100	矿化度矿泉	SO$_4$－Ca
岳阳市			
1. 岳阳县麻塘镇大坳村	H$_2$SiO$_3$ 56.25	硅酸矿泉	HCO$_3$－Na＋Ca
2. 岳阳县张谷英镇张谷英村	H$_2$SiO$_3$ 50.13～52.23	硅酸矿泉	HCO$_3$－Na＋Ca
3. 岳阳聚龙	H$_2$SiO$_3$ 52.65	硅酸矿泉	HCO$_3$－Na
4. 岳阳新开塘镇	H$_2$SiO$_3$ 71.45	硅酸矿泉	HCO$_3$－Na＋Ca
5. 岳阳县花苗乡	H$_2$SiO$_3$ 49.71～52.9	硅酸矿泉	HCO$_3$－Na＋Ca
6. 岳阳县月田乡余家村	H$_2$SiO$_3$ 51.60	硅酸矿泉	HCO$_3$－Na＋Ca
7. 华容南山乡墟场	H$_2$SiO$_3$ 51.37	硅酸矿泉	HCO$_3$－Na＋Ca＋Mg
8. 华容县南山胡家村	H$_2$SiO$_3$ 44.92	硅酸矿泉	HCO$_3$－Ca＋Mg
9. 华容县三封乡	H$_2$SiO$_3$ 78.0	硅酸矿泉	HCO$_3$－Na＋Ca
10. 华容县终南乡	H$_2$SiO$_3$ 60.32	硅酸矿泉	HCO$_3$－Na＋Ca＋Mg
11. 华容县禹山镇	H$_2$SiO$_3$ 55.6	硅酸矿泉	HCO$_3$－Na＋Ca
12. 临湘市长塘镇柳村	H$_2$SiO$_3$ 56.35	硅酸矿泉	HCO$_3$－Na＋Ca

各市(县) 矿泉水源地	达标元素 /(mg·L^{-1})	矿泉类型	水化学类型
13. 临湘市忠防镇银水洞	H_2SiO_3 41.6 ~ 52.9	硅酸矿泉	HCO_3 - Ca
14. 平江县思村乡水仙村	H_2SiO_3 34.96 fCO_2 510.4	硅酸、碳酸矿泉	HCO_3 - Na + Ca
15. 平江县岑川	H_2SiO_3 48.23	硅酸矿泉	HCO_3 - Na + Ca
16. 汨罗市黄柏乡神顶村	H_2SiO_3 57.08	硅酸矿泉	HCO_3 - Na + Ca
17. 汨罗市玉池	H_2SiO_3 48.5 ~ 50.7	硅酸矿泉	HCO_3 - Na + Ca
衡阳市			
1. 衡阳市营盘山	H_2SiO_3 51.29 Sr 1.52	硅酸锶矿泉	HCO_3 - Ca + Mg
2. 衡阳县西渡镇	H_2SiO_3 44.2 ~ 45.5 Sr 2.7 ~ 3.9	硅酸锶矿泉	HCO_3 - Na + Ca + Mg
3. 衡阳县集兵镇车轮村	H_2SiO_3 45.04	硅酸矿泉	HCO_3 - Na + Ca
4. 衡南县栋市镇	H_2SiO_3 37.8 ~ 42.4 Sr 0.78 ~ 1.06	硅酸锶矿泉	HCO_3 - Ca + Mg
5. 衡南县车江镇云峰	H_2SiO_3 31.26 ~ 35.5 Sr 0.40 ~ 1.0	硅酸锶矿泉	HCO_3 - Ca + Mg
6. 衡南县近尾洲镇	H_2SiO_3 45.89	硅酸矿泉	HCO_3 - Ca + Mg
7. 衡山县祝融镇南岳圣水	H_2SiO_3 46.0 ~ 65.0	硅酸矿泉	HCO_3 - Na + Ca
8. 衡山县师古乡九龙泉	H_2SiO_3 26.0 ~ 27.4	硅酸矿泉	HCO_3 - Na + Ca
9. 衡山县福田乡尊圣村	H_2SiO_3 56.0	硅酸矿泉	HCO_3 - Na + Ca
10. 耒阳市泗门洲三元寺	Sr 0.61	锶矿泉	SO_4 - Ca
11. 耒阳市枫泉乡汤泉	H_2SiO_3 39.1 ~ 45.6 Sr 1.12 ~ 1.40	硅酸锶矿泉	HCO_3 + SO_4 - Ca
12. 耒阳市东湖圩乡	H_2SiO_3 48.0 Sr 0.86	硅酸锶矿泉	HCO_3 + SO_4 - Ca + Mg
13. 祁东县粮市镇	H_2SiO_3 34.7 ~ 39.5 Sr 1.30 ~ 1.53	硅酸锶矿泉	HCO_3 - Ca + Mg

各市(县) 矿泉水源地	达标元素 /(mg·L^{-1})	矿泉类型	水化学类型
益阳市			
1. 滨湖柴油机厂	H_2SiO_3 64.28	硅酸矿泉	$HCO_3 - Ca + Mg$
2. 赫山区政府	H_2SiO_3 62.4	硅酸矿泉	$HCO_3 - Ca + Mg$
3. 市齿轮厂	H_2SiO_3 61.88	硅酸矿泉	$HCO_3 - Ca + Mg$
4. 市卷烟材料厂	H_2SiO_3 62.6	硅酸矿泉	$HCO_3 - Ca + Mg$
5. 益阳市精密铸造厂	H_2SiO_3 64.68	硅酸矿泉	$HCO_3 - Ca + Mg$
6. 区微生物所	H_2SiO_3 63.3 ~ 75.4	硅酸矿泉	$HCO_3 - Ca + Mg$
7. 区食品总公司	H_2SiO_3 75.4 ~ 80.6	硅酸矿泉	$HCO_3 - Ca + Mg$
8. 市农业局	H_2SiO_3 75.4 ~ 80.6	硅酸矿泉	$HCO_3 - Ca + Mg$
9. 市粮油运输公司	H_2SiO_3 79.58	硅酸矿泉	$HCO_3 - Ca + Mg$
10. 市民政局	H_2SiO_3 68.9	硅酸矿泉	$HCO_3 - Ca + Mg$
11. 益阳粮校	H_2SiO_3 70.0	硅酸矿泉	$HCO_3 - Ca + Mg$
12. 桃花仑	H_2SiO_3 60.27	硅酸矿泉	$HCO_3 - Ca + Mg$
13. 大桃路电梯厂	H_2SiO_3 62.99	硅酸矿泉	$HCO_3 - Ca + Mg$
14. 大桃路 12 号军分区	H_2SiO_3 61.0 ~ 72.0	硅酸矿泉	$HCO_3 - Ca + Mg$
15. 东风路区供电局	H_2SiO_3 67.54	硅酸矿泉	$HCO_3 - Ca + Mg$
16. 市二职业中学校办工厂	H_2SiO_3 65.8	硅酸矿泉	$HCO_3 - Ca + Mg$
17. 桃江县城关	H_2SiO_3 90.0	硅酸矿泉	$HCO_3 - Ca + Mg$
18. 桃江县变电站	H_2SiO_3 58.0	硅酸矿泉	$HCO_3 - Ca + Mg$
19. 市工商局	H_2SiO_3 46.28	硅酸矿泉	$HCO_3 - Ca + Mg$
20. 邮政技校	H_2SiO_3 46.20	硅酸矿泉	$HCO_3 - Ca + Mg$
21. 粮油食品厂	H_2SiO_3 40.60	硅酸矿泉	$HCO_3 - Ca + Mg$
22. 市购物中心	H_2SiO_3 46.8	硅酸矿泉	$HCO_3 - Ca + Mg$
23. 区中心粮站	H_2SiO_3 38.0	硅酸矿泉	$HCO_3 - Ca + Mg$
24. 市粮储备局	H_2SiO_3 55.9	硅酸矿泉	$HCO_3 - Ca + Mg$
25. 市技术监督局	H_2SiO_3 41.6	硅酸矿泉	$HCO_3 - Ca + Mg$

各市(县)矿泉水源地	达标元素 /(mg·L^{-1})	矿泉类型	水化学类型
26. 益阳汽车站	H_2SiO_3 45.0	硅酸矿泉	$HCO_3 - Ca + Mg$
27. 414 队	H_2SiO_3 40.3 ~ 52.0	硅酸矿泉	$HCO_3 - Ca + Mg$
28. 益阳总工会	H_2SiO_3 54.4	硅酸矿泉	$HCO_3 - Ca + Mg$
29. 朝阳路 4 号	H_2SiO_3 43.03	硅酸矿泉	$HCO_3 - Ca + Mg$
30. 金银山	H_2SiO_3 51.22	硅酸矿泉	$HCO_3 - Ca + Mg$
31. 益阳碧云峰矿泉水(肉食站)	H_2SiO_3 42.9 ~ 62.4	硅酸矿泉	$HCO_3 - Ca + Mg$
32. 凤凰湖	H_2SiO_3 40.0 ~ 50.0	硅酸矿泉	$HCO_3 - Ca + Mg$
33. 泥江口	H_2SiO_3 25.0 ~ 30.0	硅酸矿泉	$HCO_3 - Ca + Mg$
常德市			
1. 常德市鼎城区花山乡	H_2SiO_3 46.8 ~ 49.4	硅酸矿泉	$HCO_3 - Ca + Mg$
2. 常德市石公桥	H_2SiO_3 48.2 ~ 50.2	硅酸矿泉	$HCO_3 - Ca + Mg$
3. 临澧县烽火乡	H_2SiO_3 37.7	硅酸矿泉	$HCO_3 - Ca + Mg$
4. 临澧县停弦渡镇山洲村	Sr 0.20 ~ 0.29	锶矿泉	$HCO_3 - Ca$
5. 常德黄十店	H_2SiO_3 27.0	硅酸矿泉	$HCO_3 - Mg + Ca + Na$
6. 桃源县热市温泉	H_2SiO_3 40.0 ~ 47.5	硅酸矿泉	$HCO_3 - Ca$
7. 石门县夏家巷	Sr 1.23 ~ 1.38	锶矿泉	$HCO_3 - SO_4 - Ca$
8. 桃源县兴隆街	H_2SiO_3 51.2	硅酸矿泉	$HCO_3 - Ca + Mg$
9. 临澧县食品厂	Sr 0.53 ~ 1.02	锶矿泉	$HCO_3 - SO_4 - Ca$
邵阳市			
1. 隆回县金石桥镇(热水井)	H_2SiO_3 104 ~ 120	硅酸矿泉	$HCO_3 - Na$
2. 隆回县高坪镇金风山	H_2SiO_3 48.9 ~ 58.5	硅酸矿泉	$HCO_3 - Na + Ca$
3. 隆回县司门前镇月台上温泉	H_2SiO_3 102	硅酸矿泉	$HCO_3 - Na$
4. 邵东县湾泥乡精华	Sr 1.20 ~ 1.30	锶矿泉	$HCO_3 - Ca$
5. 邵东县石株桥乡成家村	H_2SiO_3 38.9 ~ 41.7	硅酸矿泉	$HCO_3 - Ca$

各市(县) 矿泉水源地	达标元素 /(mg·L^{-1})	矿泉类型	水化学类型
6. 城步南山	Zn 0.47 ~ 0.59	锌矿泉	HCO_3 - Ca
7. 绥宁县金屋塘镇	H_2SiO_3 47.9 ~ 65.4	硅酸矿泉	HCO_3 - Na
8. 武冈市文坪镇三水口	Sr 0.33 ~ 0.50	锶矿泉	HCO_3 - Ca + Mg
郴州市			
1. 桂阳县荷叶乡金仙寨	H_2SiO_3 31.7 ~ 52.0	硅酸矿泉	HCO_3 - Ca
2. 郴州市许家洞金岭	H_2SiO_3 52.6 Sr 1.54 ~ 1.63	硅酸锶矿泉	HCO_3 + SO_4 - Ca
3. 汝城县暖水乡	H_2SiO_3 38.0 ~ 39.0 Sr 0.28 ~ 0.30	硅酸锶矿泉	HCO_3 - Ca
4. 宜章县城南乡	H_2SiO_3 29.9 ~ 32.5	硅酸矿泉	HCO_3 - Na + Ca
5. 宜章县麦子桥	Sr 0.33 ~ 0.50	锶矿泉	HCO_3 - Ca
6. 桂东县城关镇	H_2SiO_3 29.4 ~ 31.0	硅酸矿泉	HCO_3 - Na + Ca
娄底市			
1. 娄底市万宝乡福善	Sr 0.29 ~ 0.33	锶矿泉	HCO_3 - Ca + Mg
2. 涟源市水洞底镇	Sr 0.27 ~ 0.47	锶矿泉	HCO_3 - Ca + Mg
3. 双峰县杏子铺镇	H_2SiO_3 51.2	硅酸矿泉	HCO_3 - Ca
4. 涟源市伏口镇(石陶)	Sr 2.60	锶矿泉	HCO_3 - Ca
5. 涟源市财溪	H_2SiO_3 36.7	硅酸矿泉	HCO_3 - Ca
永州市			
1. 永州市富家桥乡楠木山	H_2SiO_3 28.1 ~ 32.8 Sr 1.39 ~ 1.56	硅酸锶矿泉	HCO_3 - Ca
2. 祁阳县小金洞乡白沙源	H_2SiO_3 29.8 ~ 30.2	硅酸矿泉	HCO_3 - Na + Ca
3. 东安县大庙口林场	H_2SiO_3 29.6 ~ 31.6	硅酸矿泉	HCO_3 - Na + Ca
4. 东安县国家森林公园大坳区	H_2SiO_3 29.3 ~ 30.5	硅酸矿泉	HCO_3 - Na + Ca

各市(县)矿泉水源地	达标元素/(mg·L⁻¹)	矿泉类型	水化学类型
怀化市			
1. 靖州县城周公井(飞山不老泉)	H_2SiO_3 44.0 ~ 52.0	硅酸矿泉	$HCO_3 - Ca$
2. 靖州县城铜锣井(水中王)	H_2SiO_3 49.4 ~ 59.8	硅酸矿泉	$HCO_3 - Ca$
3. 芷江县城湖米井	H_2SiO_3 44.2 ~ 45.5 Sr 0.44 ~ 0.49	硅酸锶矿泉	$HCO_3 + SO_4 -$ $Na + Ca + Mg$
4. 新晃县凉伞井	H_2SiO_3 51.6 Li 0.25	锂硅酸矿泉	$HCO_3 + CO_3 - Na$
5. 怀化市鸭嘴岩园头汤泉	H_2SiO_3 51.0 ~ 52.6	硅酸矿泉	$HCO_3 - Ca$
6. 怀化市郊金甜	H_2SiO_3 49.0 ~ 56.4	硅酸矿泉	$HCO_3 - Ca$
7. 怀化市西北郊	Sr 1.39 ~ 3.50	锶矿泉	$HCO_3 - Ca + Mg$
8. 洪江市黔城乡月亮盘	H_2SiO_3 29.9 ~ 31.2	硅酸矿泉	$HCO_3 - Na + Ca$
9. 辰溪县沅水桥头	H_2SiO_3 44.7	硅酸矿泉	$HCO_3 + NO_2 - Na + Ca$
10. 沅陵县文水井	H_2SiO_3 40.17	硅酸矿泉	$HCO_3 - Na + Ca$
湘西自治州			
1. 吉首市河溪镇	Sr 0.89	锶矿泉	$HCO_3 - Ca$
2. 永顺县城不二门公园	H_2SiO_3 33.8 ~ 40.5 Sr 3.11 ~ 3.90	硅酸锶矿泉	$HCO_3 + SO_4 -$ $Ca + Mg$
3. 古丈县默戎镇(湘泉)	H_2SiO_3 26.4 ~ 30.9	硅酸矿泉	$HCO_3 + CO_3 - Na$
4. 古丈河莲	Sr 0.31	锶矿泉	$HCO_3 - Ca$
张家界市			
1. 张家界温塘	H_2SiO_3 38.9 ~ 45.5 Sr 3.11 ~ 4.86	硅酸锶矿泉	$HCO_3 + SO_4 - Ca + Mg$
2. 慈利县落马坡	H_2SiO_3 49.4 Sr 0.54	硅酸锶矿泉	$HCO_3 + SO_4 - Ca + Mg$
3. 桑植县空壳树乡	H_2SiO_3 30.89 ~ 35.5 Sr 0.28 ~ 0.42	硅酸锶矿泉	$HCO_3 - Ca$

表5-1所展示的饮用天然矿泉水的分布虽不完全，但它却显示出饮用天然矿泉水的分布具有大体一致的规律，即在东北地区比较密集而向西北逐渐稀少。这一直观现象表明饮用天然矿泉水尽管在水质特征上存在一定差别，但在成因上却存在着必然的内在联系。为了揭开它们内部联系的原因还须从湖南省的地质构造特征讲起。

5.2　湖南省矿泉水赋存特征

湖南省所处大地构造位置，位于欧亚板块与太平洋板块交接带的西侧，与交接带邻近，是地壳活动较强烈地区，特别是中生代以来，强烈的断裂活动并伴有大规模岩浆侵入活动形成了火山岩和花岗岩的广泛分布。这一地区发现的矿泉水有近160处。湖南省处于南岭巨型纬向构造带的北缘，湘中、湘北有三条区域性东西向构造横贯全省；东西两边发育巨型华夏系构造带第二沉降带及第三隆起带；北部巨型华夏系构造带斜贯全省；南部发育有南北向构造带及弧顶朝西的山字形构造。岩浆活动除湘西北外，其他各地均较频繁，有不同时期的岩浆活动，特别是印支—燕山期岩浆活动更为剧烈，并有挽近期侵入的岩浆或岩脉分布。区域断裂构造和近期岩浆活动对湖南省矿泉的形成和分布有着密切的关系。长期活动的区域大断裂往往为矿泉水形成运移的通道和聚集场所提供了条件，而近期的岩浆活动为矿泉水提供了丰富的物质组分来源。

当然，以上所述及的矿泉水分布密集地区，除有矿泉水形成的有利地质和地球化学环境外，其自然地理环境有利也是不可忽视的重要因素。因为这里气候湿润，雨水充沛，有利于地下水资源的补给，这也是矿泉水水源补给的重要条件。

湖南省较大的活动性断裂共有11条，澧水、溆浦—新晃，新化—城步，公田—新宁，长沙—平江，潘家冲—枇杷，茶陵—临武，茶陵(炎陵)—宜章，桂东—汝城、热水圩、瑶岗仙等。它们均呈北东或北北东向展布，范围大，延伸均在数百千米以上，沿断裂带上分布有64处矿泉水。

宁乡灰汤矿泉，它出露在北东向乌江断裂及北西向狮桥断裂交汇部位的白垩系上统砂砾与沩山花岗岩体的接触带上。

汝城热水乡泉自诸广山南岩体的湘南城口—热水圩—江西白丰洲北北东向压扭性活动断裂中涌出。

碳酸盐类岩石(奥陶系中下统、寒武系中上统的结晶灰岩、泥质灰岩)，灰岩岩溶发育、富水性强，在构造交接部位出露的温泉有永顺热水坑(40℃)、未阳东湖汤泉(41℃)、郴州陆池圹矿泉(38℃)。

长柏断裂带是一个矿泉水密集分布带,其范围达70多平方千米,平江县境内就发现44处矿泉水点,包括碳酸泉、硅酸泉、氢泉等,浏阳山田乡就有5处。

除活动断裂带分布矿泉水外,一些压性或扭性非活动断裂带也分布有矿泉水,共计36处,亦以硅酸水为主,水温20℃左右(有2处),溶解性总固体一般为0.15~0.3 g/L,水化学类型以HCO_3-Ca和HCO_3-Na型为主。

5.3 湖南省矿泉水与地下水的关系

根据湖南省地质矿产勘查开发局水文一队的资料统计,湖南省地下水类型可以分成三大类(见表5-2)。

表5-2 湖南省地下水类型

赋存地下水类型	基岩裂隙	岩浆裂隙水 101处	分布在雪峰山北东部的广大地区,望湘岩体,幕阜山、衡山、桃江、板杉岩体的内部及其边缘地带。
		浅变质裂隙水 30处	分布在武陵山、雪峰山及湘东、湘南,含水岩系为元古宙冷家溪群、板溪群及震旦系、寒武系、奥陶系、志留系,由板岩、千枚岩、凝灰岩,浅变质砾岩及砂岩组成。
		碎屑岩裂隙水 5处	
	碳酸盐岩岩溶水	36处	
	红层孔隙裂隙水	25处	

湖南省矿泉水根据出露与岩性、构造条件关系,可以分为岩浆岩型矿泉水、红层盆地型矿泉水和断裂裂隙型矿泉水3种类型。

(1)岩浆岩型矿泉水:形成受岩浆岩控制,主要分布于湘东、湘中和湘南大、小花岗岩体的出露地带。矿泉水中的化学组分与花岗岩的形成关系十分密切。境域内岩浆岩出露的面积仅占全省总面积的8.3%,而矿泉水出露的点数达179个,占境域内矿泉水总数的42.9%,以偏硅酸型矿泉水为主。

（2）红层盆地型矿泉水：成因主要受红层岩性的控制。湖南省的红层是指白垩系、古近系沉积的泥岩、页岩、粉砂岩等一套红色陆相碎屑岩。境内属沉积盆地型的矿泉水共 50 处，占矿泉水总数的 12%，主要水型为偏硅酸水、锶水。

（3）断裂裂隙型矿泉水：主要受断裂构造的控制，由大气降水入渗补给经过深循环形成。该型矿泉水主要受华夏系和新华夏系断裂构造的控制，沿北北东向和北东向断裂呈线状或带状分布。省内发现的矿泉水明显受断裂构造控制的有 188 处，占已发现矿泉水总数的 45.1%，主要分布于澧县 - 花垣，溆浦 - 安化，长沙 - 平江，临武 - 茶陵，汝城 - 桂东等断裂带上，以偏硅酸水、锶水及其复合型矿泉水为主。

5.3.1　基岩裂隙水含水岩层为基性　超基性火成岩体

基性岩浆岩包括花岗岩、黑云母花岗岩、二云母花岗岩、花岗闪长岩、花岗斑岩、石英斑岩、流纹岩等。

（1）岩浆裂隙水：岩浆岩裂隙发育，有 101 处（有流量的），占总数的 51%，流量一般较小，以小于 1.0 L/s 占多数，达 75.3%，流量最小的为 0.1 L/s，最大的为 8.5 L/s。

富水程度取决于构造裂隙的发育程度、断裂（包括蚀变带）及地质因素。

例：位于九嶷山岩体的道县湘源锡矿矿区内，含 H_2SiO_3 水出露于燕山早期花岗岩和帚状构造断裂带上，钻孔单位涌水量达 8.5 L/s。

（2）浅变质裂隙水：岩石构造裂隙发育，矿泉水赋存于构造裂隙中，富水性不一，流量较少，有资料的 30 处占全省统计的 15.2%，流量小于 1.0 L/s 的有 21 处；流量最小为 0.1 L/s，最大为 5.34 L/s。该类水的富水程度主要受裂隙发育程度、岩性、构造及地貌因素制约。

（3）碎屑岩裂隙水：主要分布在湘西北、湘中南、湘东南。

含水岩性系为寒武系下统、志留系、泥盆系、二叠系上统、三叠系上统及侏罗系，局部地区有泥盆系中统、上统及石炭系下统，由砾岩、砂岩、粉砂岩及页岩组成。

矿水赋存构造裂隙中，局部存于层间裂隙中，富集条件与坚硬性脆的岩性、有利的断裂、褶皱转折端附近等有关。全省共 5 处，占矿水总数的 2.5%，流量最小为 0.14 L/s。

例：永兴塘市乡糠头圹矿泉，处于铜角湾背斜的北倾伏端，又有北北东向压性断层通过，出露的地层虽为二叠系龙潭组砂岩，但其流量很大，达 62.5 L/s，可能与下伏的深部栖霞壶天灰岩的岩溶水补给有关。

5.3.2 碳酸盐岩岩溶水

碳酸盐岩岩溶水主要分布在湘西北、湘中、湘南地区。

含水岩系：在湘西北地区为上震旦系、寒武系、奥陶系、二叠系和三叠系下统。

湘中、湘南地区为泥盆系、石炭系和二叠系下统。

碳酸盐岩岩溶水富水性取决于岩溶发育程度，不同程度发育在各种岩溶形态、裂隙、溶洞中，共36处，占全省矿水总数的18.3%，含水量大。分布在碳酸盐岩质纯、厚度大处，有利的褶皱构造部位，可溶岩与非可溶岩接触部位断裂交汇处，复合部位与断裂密集带，以及压性断裂补带和张性断裂带。

5.3.3 红层孔隙裂隙水(红层指白垩系和下第三系)

红层孔隙裂隙水分布于沅麻、长平、衡阳、澧攸长株等盆地之中。

分布岩性为一套典型陆柏碎屑岩，由紫红色砾岩、砂砾岩、砂岩、粉砂岩、泥岩组成，局部夹有泥灰岩、含盐层等，最大厚度达13000 m，地层年代为燕山晚期至喜山期，红层盆地产生褶皱和断裂，由坳陷盆地转为断陷盆地。

红层水赋存状态有三种：①红层中有断层及构造裂隙发育，上覆泥岩或富含泥质的岩层，矿泉水具有承压性，属裂隙孔隙水。②钙质泥岩，钙质粉砂岩溶孔，岩层中发育溶蚀孔洞，含溶孔水。③红层底砾岩或层间砾岩、砾石多为石灰石，钙质或钙质胶结，发育溶孔、溶洞。矿泉水赋存于溶孔、溶洞中，属裂隙岩溶水。其中以第·种为主，主要分布于沅麻、衡阳、湘潭盆地和石门、岳阳等一些小盆地的边缘地带，水温一般为17~24℃，pH为6.5~7.8，属 HCO_3 – Ca 型水，其次为 HCO_3 – Na 型水、矿化度(即溶解性总固体)一般较高，大于300 mg/L，后者除两处工业矿泉分布于湘乡、津市外，其他皆在衡阳盆地内，全属 HCO_3 – Ca 型。

红层水的富集与岩性、构造密切相关。灰质砾岩、钙质砾岩、钙质泥岩分布地段较富水性，有利于矿泉水径流排泄的洼地段相对富水，断裂结构发育部位富水。

6 湖南省矿泉水类型

湖南省天然矿泉水类型较多，以偏硅酸型、锶型及复合型矿泉水为主。单一型包括偏硅酸型、锶型、锂型、锌型、碘型、矿化型 6 种，共有 268 处；复合型矿泉水包括锶－偏硅酸型、锂－偏硅酸型、锌－偏硅酸型等 10 种，共有 75 处，具体情况如表 6 - 1 所示。

表 6 - 1 湖南省天然矿泉水类型、规模及数量一览表

矿泉水类型		不同规模的矿泉水点数量/处			合计
		大 （>1000 t/d）	中 （100～1000 t/d）	小 （<100 t/d）	
单一型	偏硅酸型矿泉水	3	50	171	224
	锶型矿泉水	4	7	17	28
	锌型矿泉水	1		6	7
	碘型矿泉水		1	3	4
	锂型矿泉水		1		1
	矿化型矿泉水		2	2	4
合计		8	61	199	268

矿泉水类型		不同规模的矿泉水点数量/处			合计
		大 (>1000 t/d)	中 (100 ~ 1000 t/d)	小 (<100 t/d)	
复合型	锶 - 偏硅酸型矿泉水	5	13	18	36
	锂 - 偏硅酸型矿泉水	1	5	9	15
	锌 - 偏硅酸型矿泉水	1	1	5	7
	碳酸偏硅酸型矿泉水			4	4
	锂 - 锶型矿泉水		1	3	4
	锌 锶型矿泉水			2	2
	锂 - 锶 - 偏硅酸型矿泉水		2	2	4
	碘 - 偏硅酸型矿泉水		1		1
	硒 - 锶 - 锂型矿泉水		1		1
	锂 - 锶 - 矿化度型矿泉水	1			1
合计		8	24	43	75

6.1 单一型矿泉水

6.1.1 偏硅酸型矿泉水

偏硅酸型矿泉水在全省有 224 处(包括医疗矿泉点 41 处),主要分布在长沙、平江、浏阳、岳阳、益阳、湘潭一带,并且产于岩浆岩及边缘地带望湘岩体、幕阜山岩体、衡山岩体。其次产于浅变质岩、沉积岩中。

H_2SiO_3 含量为 20.6 ~ 118.6 mg/L,水温一般为 18 ~ 20℃,pH 为 5 ~ 8,水化学类型主要为 HCO_3 - Na 型,其次为 HCO_3 - Ca 型。

6.1.2 锶型矿泉水

锶型矿泉水在省内发现 28 处,主要分布在湘东南和湘西一带,多产于不同时代的碳酸盐岩和白垩系下第三系红层,并明显受活动性断裂带控制。如茶陵—临武活动性分布的锶型矿泉水较多,沿断裂呈北东向展开。锶型矿泉水中锶的含量一般为 0.4 ~ 1.0 mg/L，最高为 4.9 mg/L，还含有偏硅酸、锌等多种特殊组分，水温最高为 38℃，一般为 17 ~ 22℃，pH 为 5.2 ~ 7.7，总硬度为 150.9 ~ 403.2 mg/L，溶解性总固体浓度一般为 0.2 ~ 0.35 g/L，水化学类型为 $SO_4 \cdot HCO_3 - Ca$ 型或 $HCO_3 - Ca \cdot Mg$ 型。

6.1.3 锌型矿泉水

省内出露锌型矿泉水 7 处，零星分布于益阳、衡山、邵阳、桂阳、溆浦、张家界等地。全部矿点都产于沉积岩和变质岩中，并与灰岩和板岩的关系十分密切。锌含量一般为 0.3 ~ 1 mg/L，水温一般为 18 ~ 20℃，最高为 31℃，pH 为 6.0 ~ 8.5，水化学类型主要为 $HCO_3 - Ca \cdot Mg$ 型。

6.1.4 碘型矿泉水

省内发现碘水 4 处，分布于湘西北的花恒、保端和凤凰三个县内。有 3 处出露于寒武系的灰岩中，并产于北东向的澧水活动性断裂带，流量较大，为 1 ~ 9.83 L/s，一处在白垩系红色砂泥岩中，碘含量为 0.24 ~ 0.82 mg/L，水温为 17℃左右。

6.1.5 锂型矿泉水

锂型矿泉水省内仅发现 1 处，位于龙山县的凤溪寨，产于下志留统泥灰岩中。锂含量为 0.38mg/L，还含有锌、锶、溴等成分，水温为 17℃，流量为 1.1 L/s，pH 为 7.6，总硬度为 164.3 mg/L，溶解性总固体浓度为 0.17 g/L，水化学类型属 $HCO_3 - Ca$ 型。

6.1.6 矿化矿型泉水

矿化矿型泉水是溶解性总固体含量大于 1 g/L 的矿化矿泉水，我省共有 4 处，集中分布在湘潭、宜章和常宁县，产于灰岩并受断裂控制。按水化学类型分为两类，即硫酸重碳酸钙型水和重碳酸硫酸钠钙型水。

6.2 复合型矿泉水

全省复合型矿泉水有 75 处，其中以复合型偏硅酸矿泉水为主。全省有复合型偏硅酸矿泉水 67 处。该类型除都含有偏硅酸外，还含有其他达标组分，分别其中 5 种主要的复合型偏硅酸矿泉水介绍如下。

6.2.1 锶－偏硅酸矿泉水

锶－偏硅酸型矿泉水产出有 36 处，是复合型水中出露最多的一种矿泉水。占复合型水数量的近一半。主要分布于衡山、衡南、长沙、隆回、永兴等地，其次在石门、慈利、宜章等县也有零星分布。在白垩系下第三系红层产出 14 处，不同时代的灰岩中产出 12 处，H_2SiO_3 的含量为 27.3～70.1 mg/L，锶含量一般为 0.2～0.3 mg/L。在灰岩和部分红层的矿点锶含量较高，大约为 1 mg/L。水温一般为 20℃，约 1/3 的点水温高于 25℃。约 1/2 的矿点溶解性总固体浓度大于 0.5 g/L，水化学类型多为 HCO_3－Ca 型，其余为 SO_4－Ca 型或 HCO_3－Na 型。

6.2.2 锂－偏硅酸型矿泉水

锂－偏硅酸型矿泉水共有 15 处，产于隆回、洞口、绥宁、宁乡和汝城等地，主要赋存在花岗岩中。H_2SiO_3 含量为 48～88 mg/L，锂含量为 0.23～0.85 mg/L。水温为 18～35℃，一般为 20℃左右，受断裂构造所控制的矿水点水温高。溶解性总固体浓度为 87.7～627.1 mg/L，一般在 200 mg/L 以内。湘西南的麻阳、隆回、绥宁一带的水属弱碱性水，其他地区为弱酸性水，水化学类型以 HCO_3－Na 型为主，其次为 HCO_3－Ca 型。

6.2.3 锌－偏硅酸型矿泉水

锌－偏硅酸型矿泉水全省出露 7 处，分布于湘东、益阳、湘阴、津市及湘西的芷江。H_2SiO_3 含量为 29.2～72.7 mg/L，pH 一般小于 8，总硬度为 12.5～73 mg/L，溶解性总固体浓度为 89.2～387 mg/L，水化学类型主要为 HCO_3－Na＋Ca 型、HCO_3－Mg＋Na＋Ca 型和 HCO_3－Ca＋Na 型等。

6.2.4 碳酸偏硅酸矿泉水

湖南省发现碳酸偏硅酸矿泉水 4 处，其中 3 处出露在平江县的思村乡、爽口乡的长柏断裂带碎裂花岗岩中，游离二氧化碳含量为 252～1540 mg/L，Rn 为 84.9～243Bg/L，H_2SiO_3 为 25.5～49.4 mg/L，水化学类型为 HCO_3－Na 型。一处在衡山县祝融乡的衡山岩体外接触带上，游离二氧化碳含量为 380 mg/L，H_2SiO_3 为含量为 28.58 mg/L，水化学类型为 HCO_3－CaMg 型。

6.2.5 锂－锶－偏硅酸型矿泉水

锂锶偏硅酸矿泉水省内发现 4 处，其中一处产于新邵县龙溪铺镇田心温泉，矿泉点北西出露花岗岩，南东侧发育一条北东西断裂，矿泉位断裂上盘的花岗岩岩体边缘。

7 湖南省饮用天然矿泉水各论

7.1 长沙矿泉水

长沙地处湖南东北之湘江下游,东邻江西,南接株洲、湘潭,西连益阳,北靠岳阳,位于东经 110°53'—114°15',北纬 27°51'—28°40'。全境总面积为 11818 km²,占全省面积的 10.12%。市区面积为 554 km²,其中城市建成区面积为 111 km²。现辖芙蓉、天心、岳麓、开福、雨花、望城六区和长沙县、宁乡市及浏阳市。

长沙地区位于我国地势的第三梯级,距海较远,地形起伏大,地貌类型多。东北部是幕阜—罗霄山系的北段,西北部是雪峰山余脉的东缘,南部和中部属丘陵地带,北部平坦开阔,地势较低。其中山地占总面积的 29.3%、丘陵占 17.74%、岗地占 23.28%、平原占 25.30%,水面占 4.16%。最高峰大围山七星岭海拔 1607.9 m。最低处在望城区乔口附近,海拔仅 23 m。

水系发育,主要河流有湘江及支流浏阳河、沩水河、靳江河、捞刀河。

地层有元古宙冷家溪群、板溪群、震旦系,寒武系仅限宁乡一点,上元古宙,中生界,古近系、新近系,第四系出露。岩浆岩有望湘、宁乡沩山(二长花岗岩与花岗岩共生),浏阳长三背、大围、张坊(花岗闪长岩)等花岗岩体。

区域构造位于新华夏系第二复式沉降带的平(江)衡(阳)拗(褶)陷(断)带中的长平盆地;东西向构造体系的安化—宁乡—浏阳褶断带上;华夏系构造的浏阳—衡阳—祁东褶断带的北部,由于处在多个构造体系交汇、复合,以致构造复杂。

市内六区都有矿泉水,岳麓区内的矿泉水含偏硅酸,水化学类型为 $HCO_3 - Ca$ 型。河东四区的矿泉水都是产自白垩系的碳酸盐含 Li、Sr 的矿泉水,

个别含 H_2SiO_3、Br，矿化度（即溶解性总固体）较高，水化学类型与岳麓区相同。望城区桥头驿、高塘岭、金沙等地矿泉水有 4 处。

长沙矿泉大部分分布在浏阳张坊、望湘、沩山花岗岩断裂破碎带中。长沙县双江、金井镇、脱甲等地花岗岩岩体裂隙水含 33.4 ~ 44.2 mg/L 的偏硅酸矿泉水有十多处。

宁乡灰汤矿泉水有 3 处，宁乡沩山镇、沙田乡有数处，其中沙田乡湖山村含偏硅酸达 64.95 mg/L。

浏阳市张坊、山田、蕉溪等地矿泉水有十多处。

下面介绍几处长沙矿泉水赋存及水质化学特征。

7.1.1 中康长沙水

1）矿泉水源产地水文地质特征

该矿泉水位于湖南省长沙市岳麓区望月公园东侧、湘江西岸，附近一带为低－高丘陵谷地地貌，沿湘江岸零星分布有河流堆积阶地，属 Ⅰ ~ Ⅴ 级阶地，由第四系中、上更新统及全新统构成，阶面标高 32 ~ 65 m，河谷最低高程为22 m 左右。阶地以西为由板溪群浅变质岩及泥盆系碎屑岩和碳酸盐构成的丘陵谷地地貌，最高峰为岳麓山，海拔为 296 m，一般标高为 50 ~ 110 m，比高30 ~ 60 m。整个地势由西向湘江河谷降低，谷地总体上由西向东发育，较宽广平缓，地形地貌明显地控制了本区地下水及矿泉水的补给、径流和排泄。

该矿泉水区域内出露地层复杂，附近一带分布地层有元古界的冷家溪群、板溪群，古生界的泥盆系、石炭系，中生界的三叠系、侏罗系以及新生界第三系和第四系。

水源地内区域构造位于新华夏系第二复式沉降带的平（江）衡（阳）拗（褶）陷（断）带中的长平盆地西南部；东西向构造体系的安化—宁乡—浏阳褶断带中段；华夏系构造的浏阳—衡山—祁东褶断带的北东段，由于处在多个构造体系的交汇、复合，以致各构造形迹很发育，构造复杂。

水源地附近褶皱构造主要为岳麓山向斜。卷入地层为泥盆系、石炭系、上下迭统及侏罗系下统，轴向为 30° ~ 40°，两翼岩层倾角较陡，大多在 30° 以上，向斜受断裂构造破坏剧烈，以致两翼很不对称，东翼被断层切断。本矿泉水即位于此向斜北部外侧。

水源地内断裂构造很为发育，可分为北东向、北北东向和北西向三组。其中北西向断层中的 F1 断层即为本矿泉水形成与赋存构造。

水源地附近地下水类型有松散岩类孔隙水、基岩裂隙水、碳酸盐岩石裂隙溶洞水及红层孔隙裂隙水。

2）矿泉水源产地水质化学特征

该泉水无色、无臭，透明，水温为19℃，属冷泉；pH 为7.3～7.54，属弱碱性水；溶解性总固体浓度为 320.57～327.3 mg/L，属低矿化淡水；总硬度 156.30～148.5 mg/L，属软水；水化学类型为 $HCO_3 - Mg + Ca$ 型，阳离子主要为 Mg^{2+}，占阳离子总数的 50.33%～51.49%，其次为 Ca^{2+}，占 30.29%～31.43%；阴离子 HCO_3^-，占阴离子总数的 96.46%～96.96%，其次为 SO_4^{2-}，仅占阴离子总数的 1.46%～0.66%。水中偏硅酸含量为 47.20～45.24 mg/L，平均含量为 46.12 mg/L；此外，尚含有一定量的锂、锶、锌、溴等元素和组分。各项指标见表 7-1。

表 7-1　中康长沙水各项指标检测结果表　　　　单位：mg/L

	项目	国家标准	测定值		项目	国家标准	测定值
界限指标	H_2SiO_3	≥25.0	46.12	限量指标	Cu	<1.0	<0.01
	Sr	≥0.20	<0.01		Cd	<0.003	<0.001
	Li	≥0.20	0.02		Cr	<0.05	<0.01
	Zn	≥0.20	0.02		Pb	<0.01	0.01
	Se	≥0.01	<0.002		Hg	<0.001	<0.001
	游离 CO_2	≥250	20.2		Ag	<0.05	<0.005
	溶解性总固体	≥1000	327		As	<0.01	<0.001
污染指标	CN^-	<0.010	<0.001		Se	<0.05	<0.001
	NO_2^-	<0.1	0.002		Ba	<0.7	
	挥发酚	<0.002	<0.002		B	<5	0.035
	总 β	<1.50 Bq/L			F^-	<1.5	0.09
微生物	细菌总数	5 cfu/mL	3		NO_3^-	<45	0.06
	大肠杆菌	0 个/100 mL	0		耗氧量	<2.0	1.28
					^{226}Ra	<1.1 Bq/L	

注：

①新国家标准的界限指标删除了溴化物和碘化物2项；

②新国家标准的污染指标增加了2项（阴离子合成洗涤剂、矿物油）；

③新国家标准的微生物指标增加了3项（粪链球菌、铜绿假单胞菌和产气荚膜梭菌），删除了1项（细菌总数）；

④新国家标准的限量指标增加了4项（锑、锰、镍、溴酸盐），删除了4项（锂、锶、碘化物、锌）。

7.1.2 望城九峰山矿泉水

1）矿泉水源产地水文地质特征

该矿泉水位于望城区茶亭镇东侧。矿泉水源地北、东、南三面地势高，西侧偏低。东北隅至东南隅被九峰山脉环绕，九座海拔标高超过 350 m 的山峰耸立，蔚为壮观。西部及西北部为丘陵谷地，溪沟发育，山塘星罗棋布，标高一般为 70 ~ 100 m。

该泉出露地带属花岗岩侵蚀剥蚀低山地貌。低山区构成了区域地下水的补给区，矿泉水所在的丘陵谷地则为排泄区。区域地下水由南东流向北西。

区域出露地层简单，为一老一新，老地层为上元古宙冷家溪群，新地层为第四系。矿泉水源地广布的岩浆岩属燕山晚期（129 ~ 136 Ma）形成的望湘花岗岩岩基（分布面积 1400 km²）西侧的一部分。花岗岩含微弱的风化裂隙水和构造裂隙水，泉水流量一般为 0.01 ~ 0.2 L/s。

2）矿泉水源产地水质化学特征

矿泉水源地遍布的花岗岩含有丰富的钾长石、斜长石、石英等矿物。这些矿物含有大量的 SiO_2 和 Sr、Zn、Cu 等特殊组分和微量元素，为矿泉水的形成提供了丰富的物质来源。

该矿泉水无色、无臭，透明，pH 为 6.8 ~ 7.2，属中性水；水温为 20 ~ 20.5℃，属冷泉；溶解性固体浓度为 83 ~ 98 mg/L，Na^+ 含量为 5.96% ~ 8.20 mg/L，属低矿化度低钠水。水中偏硅酸含量达到国家饮用天然矿泉水标准，并含有锂、锶、锌、硒以及游离 CO_2、氡等多种有益人体健康的特殊组分和微量元素，各项指标见表 7-2。水化学类型属 $HCO_3 - N_a + Ca$ 型，有毒有害成分含量甚微，未超过饮用水标准。

表7-2 望城九峰山矿泉水各项指标检测结果表　　　　单位：mg/L

	项目	国家标准	测定值		项目	国家标准	测定值
界限指标	H_2SiO_3	≥25.0	53.80	限量指标	Cu	<1.0	<0.02
	Sr	≥0.20	<0.01		Cd	<0.003	<0.001
	Li	≥0.20	0.030		Cr	<0.05	<0.01
	Zn	≥0.20	0.010		Pb	<0.01	<0.01
	Se	≥0.01	<0.002		Hg	<0.001	<0.001
	游离CO_2	≥250	10.72		Ag	<0.05	<0.005
	溶解性总固体	≥1000	98.9		As	<0.01	<0.001
污染指标	CN^-	<0.010	<0.001		Se	<0.05	<0.0001
	NO_2^-	<0.1	0.002		Ba	<0.7	
	挥发酚	<0.002	<0.0015		B	<5	<0.020
	总β	<1.50 Bq/L	0.153		F^-	<1.5	0.10
微生物	细菌总数	5 cfu/mL	3		NO_3^-	<45	0.67
	大肠杆菌	0 个/100 mL	0		耗氧量	<2.0	0.34
					^{226}Ra	<1.1 Bq/L	0.017

注：同表7-1。

7.1.3　白沙矿泉水

1）矿泉水源产地水文地质特征

该矿泉水位于岳麓区北部谷山麓东坡脚下观沙村。机械钻井有数处，其中以酒厂、橡胶厂、机械厂钻井矿泉水水质最佳。都作为生活、生产用水。

区内属丘陵谷地和堆积地貌。地表水系发育，湘江从矿泉水东侧缓贯而过，是本区地下水最低的主要排泄地，地下水与河水一般为互补关系，存在密切的水力联系。

矿泉水附近出露地层有元古宙冷家溪群、板溪群、古生界泥盆系和第四系。冷家溪群分布于水源西侧。岩性主要为浅灰色变质砂岩、长石砂岩、粉砂岩及条带状板岩，夹凝灰质砂岩。板溪群出露在矿泉周围一带，分布面积较广，岩性主要为浅变质砂岩、长石石英砂岩、粉砂岩，夹凝灰质砂岩及板岩。泥盆系出露在南部岳麓山一带的泥盆系中统跳马涧组，主要岩性为厚层至块状石英砾岩、石英砂岩，夹砾质页岩、粉砂岩。第四系出露有中更新统新开铺组、白沙井组和马王堆组和全新统河流相冲积层。

实地勘察查明，水源地内的构造现象主要表现为断裂构造，有北东向断裂和北西向断裂，两组断裂交汇处正是矿泉水所在之处。规模一般不大，一般数百米，个别达 6000 m。此组断层即为本区矿泉水形成与赋存构造。

2）矿泉水源产地水质化学特征

该泉水无色，无臭，无味，水温为 19℃，属冷泉；水中阳离子主要为 Mg^{2+} 7.61 mg/L、Ca^{2+} 8.21 mg/L，Na^+ 8.75 mg/L，其次为 K^+ 1.00 mg/L；阴离子主要为 HCO_3^-，浓度为 79.53 mg/L，其次为 SO_4^{2-} 4.00 mg/L、Cl^- 4.35 mg/L；含偏硅酸 50.70 mg/L；pH 为 6.9，属中性水；溶解性总固体浓度为 152.5 mg/L，属淡水；总硬度为 51.80 mg/L，属软水，水化学类型为 HCO_3 – $Mg + Ca + Na$ 型，是一种低矿化度的偏硅酸矿泉水。含锶、锂、锌、硒等。各项指标见表 7 – 3。

表 7 – 3　白沙矿泉水各项指标检测结果表　　　单位：mg/L

	项目	国家标准	测定值		项目	国家标准	测定值
界限指标	H_2SiO_3	≥25.0	50.70	限量指标	Cu	<1.0	<0.01
	Sr	≥0.20	0.01		Cd	<0.003	<0.001
	Li	≥0.20	0.01		Cr	<0.05	<0.01
	Zn	≥0.20	0.04		Pb	<0.01	0.02
	Se	≥0.01	<0.002		Hg	<0.001	<0.001
	游离 CO_2	≥250	1.76		Ag	<0.05	<0.0001
	溶解性总固体	≥1000	152.5		As	<0.01	<0.001
污染指标	CN^-	<0.010	<0.001		Se	<0.05	<0.0001
	NO_2^-	<0.1	<0.001		Ba	<0.7	
	挥发酚	<0.002	<0.0001		B	<5	<0.01
	总 β	<1.50 Bq/L	0.153		F^-	<1.5	<0.01
微生物	细菌总数	5 cfu/mL	2		NO_3^-	<45	0.08
	大肠杆菌	0 个/100 mL	0		耗氧量	<2.0	1.16
					^{226}Ra	<1.1 Bq/L	

注：同表 7 – 1。

7.1.4 长沙县福临镇影珠山矿泉水

1)矿泉水源产地水文地质特征

该矿泉水位于长沙县福临镇西侧影珠山麓东坡脚下。天然出水点十余处，其中以东毛坳泉（井）最佳，矿泉水以自流形式涌出地表，水头高出周围低处2.5 m。矿泉水出露地点距福临镇约1 km，有公路可达泉水井。其地理坐标为东经113°13′，北纬28°33′。

影珠山为长沙县与汨罗市的界山，呈南北走向，长约7 km，有大小山峦70余座，主峰白果树海拔509.4 m，山坡坡度一般为20°～30°，最陡可达40°～50°。沟谷深切，明显受岩性构造控制，属中低山丘陵区，中低山区分布在F1断裂带的西侧，岩性为花岗岩。

福临镇的北、东、南三面为丘陵谷地区，位于F断裂带之东侧，岩性由元古冷家溪群地层组成，地势较低，标高一般为60 m，与影珠山主峰高差约450 m。

福临镇福临河为本区域地势最低地段，标高55 m。矿泉水距主峰约4 km，距影珠山脚边约1 km，泉口标高68 m，高出地面河溪8 m，以致泉水出露自流于地表。

福临镇地处亚热带湿润气候区，雨量充沛，四季分明，冬寒期短，夏热期长。湿润多雨的气候为本地区地下水的补给创造了良好的条件。

区域出露的地层主要有前震旦系冷家溪群及零星分布的第四系全新松散层和燕山晚期的花岗岩侵入体。岩性为斑状花岗岩、二长花岗岩、二云母二长花岗岩、白云母花岗岩等。在区域上位于新华夏系第二复式沉降地带，湘东断裂带的中段。本区构造以断裂为主，东部冷家溪群地层呈一复式背斜构造，走向北西。断裂构造很发育，主要为北北东向，并发育部分北西向及北东向断层。

本区地下水类型按其赋存条件、水物理性质可分为基岩裂隙水、基岩裂隙孔隙水、红层孔隙裂隙水、松散岩类孔隙水及断裂带脉状裂隙水。同时，据岩石性质不同划分为四个含水岩组（层）：

（1）第四系松散岩类孔隙水

主要分布在各大坳谷及坡麓地带的坡积层及残坡积层下部砂、砂砾类砂土层中，含弱至中等孔隙水，泉水流量一般小于0.5 L/s，旱晴即无水流。

（2）白垩系载家坪组孔隙裂隙水

分布在区域东南部高桥一带，红层中含弱孔隙裂隙水、泉流量小于0.1 L/s，随季节变化大，与矿泉水无关。

（3）冷家溪群裂隙水

分布在区域的东部脱甲桥—仙姑庙一带，浅部风化裂隙及构造裂隙发育，含裂隙水，泉水流量一般小于 0.2 L/s，水质类型为 $HCO_3 - Na + Mg$ 型及 $HCO_3 - Ca + Mg$ 型。与矿泉水无关。水源补给为大气降水，沿低洼处以泉水形式排泄。

（4）岩浆岩风化裂隙孔隙水

水源地一带皆为此类分布，浅部风化强烈含风化裂隙孔隙水，泉水流量一般小于 0.2 L/s，水质类型多为 $HCO - Na$ 型、$HCO_3 - Na$ 型及 $HCO_3 - Na + Ca$ 型。水源补给为大气降水，沿低洼处以泉水形式排泄。

本区断裂主要为北北东向及北西向两组，前者为压扭性断裂，后者为张扭性断裂。本区矿泉水沿北西断裂带外流，即本区矿泉水的储水带。

矿泉水源地岩浆岩性为云母二长花岗岩、二云母花岗岩、钠长石化白云母花岗岩，部分为斑状结构，斑晶多为钾长石。岩石中二氧化硅含量达 71.7% ~ 73.27%，即岩石中含多量的硅质碎屑及胶结物，岩石中的微量元素中锂含量为 118 ~ 701 μg/g，锶含量为 29 ~ 207 μg/g，锌含量为 66 ~ 97 μg/g，钼含量为 3.5 ~ 8 μg/g，镍含量为 5 ~ 9 μg/g，钒含量为 3 ~ 13 μg/g，含量皆较高，其中锂、锌、钼等皆高于维氏值。同时，由于存在希古台这一张扭性的深断裂带，使得地下水能向深部径流运移，本区存在良好的水文地球化学场背景，以及发挥此水文地球化学场的地质构造条件。

2）矿泉水源产地水质化学特征

本矿泉水为偏硅酸型矿泉水，形成和赋存于燕山晚期酸性花岗岩深断裂带中，SiO_2 和微量元素较高，为矿泉水的形成提供了丰富的物质来源。

该矿泉水无色、无臭，透明，口感清爽甘甜。主要阳离子含量：K^+ 0.6 ~ 1.16 mg/L、Na^+ 5.04 ~ 9.1 mg/L、Ca^{2+} 1.39 ~ 3.3 mg/L、Mg^{2+} 0.49 ~ 1.22 mg/L。主要阴离子含量：Cl^- 0.01 ~ 0.53 mg/L、SO_4^{2-} 1.23 ~ 2.26 mg/L、HCO_3^- 27.76 ~ 31.72 mg/L。水化学类型属重碳酸钠钙（$HCO_3 - Na + Ca$）及重碳酸盐钠（$HCO_3 - Na$）型。pH 为 6.55 ~ 7.2，属中性水；水温为 18.2 ~ 19.0℃，属冷泉；溶解性总固体浓度为 93.86 ~ 95.96 mg/L，为淡水；水中偏硅酸含量达 47.95 ~ 54.30 mg/L，达到了国家饮用天然矿泉水偏硅酸含量 25 mg/L 的标准，并含有一定量锂、锶、锌、碘以及游离 CO_2、氡等多种有益人体健康的特殊组分和微量元素。有毒有害成分含量甚微，未超过饮用水标准。各项指标见表 7 - 4。

表 7 - 4　影珠山矿泉水各项指标检测结果表　　　　单位：mg/L

	项目	国家标准	测定值		项目	国家标准	测定值
界限指标	H_2SiO_3	≥25.0	51.74	限量指标	Cu	<1.0	<0.01
	Sr	≥0.20	<0.01		Cd	<0.003	<0.001
	Li	≥0.20	0.02		Cr	<0.05	<0.01
	Zn	≥0.20	0.02		Pb	<0.01	<0.01
	Se	≥0.01	<0.002		Hg	<0.001	<0.001
	游离 CO_2	≥250	46.2		Ag	<0.05	<0.0001
	溶解性总固体	≥1000	95.96		As	<0.01	<0.001
污染指标	CN^-	<0.010	<0.001		Se	<0.05	<0.0001
	NO_2^-	<0.1	<0.001		Ba	<0.7	
	挥发酚	<0.002	<0.0001		B	<5	0.02
	总 β	<1.50 Bq/L	0.18		F^-	<1.5	0.30
微生物	细菌总数	5 cfu/mL	2		NO_3^-	<45	0.01
	大肠杆菌	0 个/100 mL	0		耗氧量	<2.0	0.01
					^{226}Ra	<1.1 Bq/L	0.008

注：同表 7 - 1。

7.1.5　望城区桥驿镇黑麋峰矿泉水

1) 矿泉水源产地水文地质特征

黑麋峰矿泉水位于长沙市北约 30 km 的黑麋峰西北麓的湖溪冲，属望城区桥驿镇中心村。

该区系幕阜山余脉，为由燕山晚期中细粒斑状二云母二长花岗岩组成的低山丘陵区。制高点黑麋峰梳妆台标高 590.5 m。山脉是北东向，局部地段狭窄形成陡峭崖壁。泉水出露于山沟东南侧一断层崖下，标高 225~400 m。

本区仅有第四纪残坡积层和燕山晚期花岗岩出露。第四纪厚几米到十余米；岩浆岩以灰色中粒斑状及细中粒斑状二云母二长花岗岩为主，岩石具斑状结构。

本区有三组断裂，分别为北东、北北东向的压扭性断裂和北西向的张扭性断裂，由于三组断裂相互牵制，因而节理裂隙非常发育，其中以节理 110°∠80° 为主。北西向断裂大部分裂隙中无充填物，发育较浅，与前两组断裂呈相互切割关系,形成宽广性的沟谷;沿断裂带分布泉水较多,泉水产于半风化的二长花岗岩中,是一典型的深循环裂隙水。

泉水以上升泉的形式从岩石裂隙中呈股状流出。其中神水岩、老虎冲、响鼓坨三个矿泉水点成三角形分别分布在湖溪水库以下的沟谷底部或其支沟的低洼处,泉水流量分别为 32.82 m^3/d、26.9 m^3/d、37.08 m^3/d。

2)矿泉水源产地水质化学特征

该泉水无色、无臭、清澈透明、甘甜纯正,水温为 16℃,属冷泉;水中阳离子主要为 Na^+ 7.42 mg/L, Ca^{2+} 5.02 mg/L, 其次为 Mg^{2+} 0.83 mg/L, K^+ 0.83 mg/L;水中阴离子主要为 HCO_3^- 31.10 mg/L, 其次为 SO_4^{2-} 3.27 mg/L, Cl^- 2.80 mg/L。水中含氡 185.27Bq/L, pH 为 6.80, 属中性水, 溶解性总固体浓度为 82.5 mg/L, 属淡水, 总硬度为 15.9 mg/L, 属软水, 水化学类型为 $HCO_3 - Na + Ca$ 型, 是一种低钠、低矿化、重碳酸钙型的硅质矿泉水;含锂、锶、锌、硒等。各项指标见表 7-5。

表 7-5 黑糜峰矿泉水各项指标检测结果表   单位: mg/L

	项目	国家标准	测定值		项目	国家标准	测定值
界限指标	H_2SiO_3	≥25.0	35.56	限量指标	Cu	<1.0	<0.01
	Sr	≥0.20	<0.01		Cd	<0.003	<0.001
	Li	≥0.20	0.02		Cr	<0.05	<0.01
	Zn	≥0.20	<0.01		Pb	<0.01	<0.01
	Se	≥0.01	<0.002		Hg	<0.001	<0.001
	游离 CO_2	≥250	9.68		Ag	<0.05	<0.0001
	溶解性总固体	≥1000	82.50		As	<0.01	<0.001
污染指标	CN^-	<0.010	<0.001		Se	<0.05	<0.0001
	NO_2^-	<0.1	<0.001		Ba	<0.7	
	挥发酚	<0.002	<0.0001		B	<5	<0.01
	总 β	<1.50 Bq/L	0.317		F^-	<1.5	<0.08
微生物	细菌总数	5 cfu/mL			NO_3^-	<45	2.78
	大肠杆菌	0 个/100 mL			耗氧量	<2.0	1.11
					^{226}Ra	<1.1 Bq/L	0.041

注: 同表 7-1。

7.1.6 浏阳市张坊镇九龙沟矿泉水

1）矿泉水源产地水文地质特征

九龙沟矿泉水位于浏阳市张坊镇西 3 km 的白石村九龙沟、山坡处。

区内地层简单，为一老一新，老地层为元古界下双娇山亚群变质岩；新地层为第四系。元古界下双娇山亚群分布于张坊南侧，为一套具复理式构造的浅海相砂泥质屑碎岩沉积，并夹有中、基性喷出岩。第四系全新统主要为河床相、河漫滩相堆积。

水源地广布的岩浆岩属雪峰早期喷发岩、雪峰晚期侵入岩两种，占本区面积 50% 以上，主要岩体有北部的大围山岩体、中部张坊岩体、东南部的仙源岩体，岩体在构造上受花门复式背斜核部和其次构造控制，展布方向为东西向至北京东向，侵入地层变质岩与围岩呈侵入接触，部分边界为混合接触。围岩蚀变有绢云母化、绿泥石化及混合岩化。岩石类型以中细粒黑云母斜长花岗岩为主，次为斑状董青石黑云母斜长花岗岩或花岗闪长岩。岩体除含常量元素 Si、Al、Ca、Mg 外，还含有多种微量元素。花岗岩含微弱的风化裂隙水和构造裂隙水，泉流量一般 0.05 ~ 0.2 L/s。

水源地内的构造现象主要表现为断裂构造，较大的有北东向与东西向断层两组，而北西向断层是与北东向断层配套的一组张性或张扭性断层，长达70 多 km 的九龙沟至排埠市的断层，它既属于本区华夏构造成分，是在华夏系断层基础上发展起来的，又归并了部分南山向断层。数组断裂带上皆有地下水露头（泉）出现。说明矿泉水的赋存空间是受断裂构造带控制的。

2）矿泉水源产地水质化学特征

该泉水无色、无臭、无味，水温为 26℃，属冷泉。水中阳离子主要为 Ca^{2+} 19.46 mg/L，其次为 Mg^{2+} 3.23 mg/L，Na^+ 8.31 mg/L，K^+ 1.33 mg/L；阴离子主要为 HCO_3^- 72.70 mg/L，其次为 SO_4^{2-} 1.88 mg/L，Cl^- 2.76 mg/L；含偏硅酸66.82 mg/L，pH 为 6.84，属中性水；溶解性总固体浓度为 162.03 mg/L，属淡水；总硬度为 61.85 mg/L，属软水；水化学类型为 HCO_3 – Ca 型，是一种低矿化度的偏硅酸矿泉水；含锶、锂、锌、硒等。各项指标见表 7 – 6。

表7-6 九龙沟矿泉水各项指标检测结果表 单位：mg/L

	项目	国家标准	测定值		项目	国家标准	测定值
界限指标	H_2SiO_3	≥25.0	66.82	限量指标	Cu	<1.0	<0.01
	Sr	≥0.20	<0.01		Cd	<0.003	<0.001
	Li	≥0.20	0.02		Cr	<0.05	<0.01
	Zn	≥0.20	<0.01		Pb	<0.01	<0.01
	Se	≥0.01	<0.002		Hg	<0.001	<0.001
	游离 CO_2	≥250	17.6		Ag	<0.05	<0.0001
	溶解性总固体	≥1000	162.03		As	<0.01	<0.001
污染指标	CN^-	<0.010	<0.001		Se	<0.05	<0.0001
	NO_2^-	<0.1	<0.001		Ba	<0.7	0.20
	挥发酚	<0.002	<0.0001		B	<5	0.40
	总β	<1.50 Bq/L			F^-	<1.5	0.12
微生物	细菌总数	5 cfu/mL			NO_3^-	<45	0.80
	大肠杆菌	0 个/100 mL			耗氧量	<2.0	0.56
					^{226}Ra	<1.1Bq/L	

注：同表7-1。

7.1.7 浏阳市张坊镇仙乳岩矿泉水

1）矿泉水源产地水文地质特征

仙乳岩矿泉水位于浏阳市张坊镇禹门村合石组雷公冲，石崖岗半山坡处，矿泉水标高273 m。

本区位于湘赣边境罗霄山脉之北端，总的地势特点是北高南低。大围山略呈东西向横亘于本区北部。区内地层简单，仅有一老一新出露。老地层为元古界下双娇山亚群变质岩系，为一套厚度巨大的复理式构造的浅海相砂泥质屑碎岩沉积，并夹有中、基性喷出岩及浅灰-灰色厚-巨厚层状变余凝灰质细砂岩、粉砂岩、云母片岩，薄-中厚层状绿泥石千枚岩、绿泥石绢云母片岩等；新地层为第四系全新统冲积层，上部一般为浅灰色亚黏土及亚砂土，含少量砾石，下部为浅黄色、灰色砂砾层。本区花岗岩分布广泛，岩石类型以中细粒黑云母斜长花岗岩为主，含水层为半风化的片麻状花岗岩裂隙含水层。

本区有一条很重要的长期活动的压扭性断层，呈北东向展布，沿断层线上升，泉成线状出露，流量一般为0.3~0.5 L/s，因此该断层为一条充水断层。仙乳岩矿泉水受该断层和北西向断层联合控制，产于该断层下盘的北西向断层

(裂隙)中,在其东西两侧还分布了九处矿泉水点。仙乳岩矿泉水是典型的深循环构造裂隙水。

矿泉水产地为花岗岩剥蚀丘陵地形,由北向南倾斜,标高一般为400~250 m。矿泉产地背靠大围山面向盆地,属于山前的地形变化地带。本区由于降水量丰沛,地形陡峻,再加上断层发育,因此不仅地表水网发育,而且地下水的活动也比较强烈。

仙乳岩矿泉水量较为丰富,动态较为稳定,泉流量一般为0.454~0.577 L/s。

2)矿泉水源产地水质化学特征

该泉水无色,无臭,口感好,口味醇正甘甜,水质清澈透明,水温为18.5~20.5℃,属冷泉;水中阳离子主要为 Ca^{2+} 12.0 mg/L,其次为 Na^+ 4.75 mg/L、Mg^{2+} 1.8 mg/L、K^+ 1.8 mg/L;阴离子主要为 HCO_3^- 50.61 mg/L,其次为 SO_4^{2-} 5 mg/L,Cl^- 2.78 mg/L;含偏硅酸31.64~43.42 mg/L,氡62.57~94.37 Bq/L;pH 为6.6~7.05,属中性水;溶解性总固体浓度为104 mg/L,属低矿化度的淡水;总硬度(以 $CaCO_3$ 计)为37.7 mg/L,属极软水、水化学类型为 HCO_3 – Ca 型,是一种典型的低钠、低矿化、中性、重碳酸钙型的硅质矿泉水;含锂、锶、锌、硒等。各项指标见表7-7。

表7-7 仙乳岩矿泉水各项指标检测结果表 单位:mg/L

	项目	国家标准	测定值		项目	国家标准	测定值
界限指标	H_2SiO_3	≥25.0	43.42	限量指标	Cu	<1.0	0.05
	Sr	≥0.20	<0.01		Cd	<0.003	<0.001
	Li	≥0.20	0.033		Cr	<0.05	0.01
	Zn	≥0.20	0.04		Pb	<0.01	<0.01
	Se	≥0.01	0.005		Hg	<0.001	<0.001
	游离 CO_2	≥250	20		Ag	<0.05	<0.0001
	溶解性总固体	≥1000	104		As	<0.01	<0.001
污染指标	CN^-	<0.010	<0.001		Se	<0.05	<0.0001
	NO_2^-	<0.1	<0.003		Ba	<0.7	0.0062
	挥发酚	<0.002	<0.0001		B	<5	0.61
	总β	<1.50 Bq/L	0.101		F^-	<1.5	0.28
微生物	细菌总数	5 cfu/mL	3		NO_3^-	<45	2.20
	大肠杆菌	0 个/100 mL	0		耗氧量	<2.0	1.58
					^{226}Ra	<1.1 Bq/L	0.015

注:同表7-1。

7.1.8 浏阳市张坊镇禹门矿泉水

1）矿泉水源产地水文地质特征

禹门矿泉水位于浏阳市张坊镇东北 1.5 km 的石角头，石崖岗半山坡处，矿泉水标高为 275 m。

本区位处湘赣边境罗霄山脉之北端，总的地势特点是北高南低。大围山略呈东西向横亘于本区北部。区内地层简单，仅有一老一新出露。老地层为元古界下双娇山亚群变质岩系，为一套厚度巨大的复理式构造的浅海相砂泥质屑碎岩沉积，并夹有中、基性喷出岩及浅灰–灰色厚–巨厚层状变余凝灰质细砂岩、粉砂岩、云母片岩，簿–中厚层状绿泥石千枚岩、绿泥石绢云母片岩等；新地层为第四系全新统冲积层，上部一般为浅灰色亚黏土及亚砂土，含少量砾石，下部为浅黄色、灰色砂砾层。本区花岗岩分布广泛，岩石类型以中细粒黑云母斜长花岗岩为主，该矿泉水产自雪峰期半风化的黑云母斜长花岗岩中。

本区有一条很重要的长期活动的压扭性断层，呈北东向展布，沿断层线上升，泉成线状出露，流量一般为 0.3 ~ 0.5 L/s，因此该断层为一充水断层。禹门矿泉水受该断层和北西向断层联合控制，产于该断层下盘的北西向断层（裂隙）中。在其东西两侧还分布了四处矿泉水点。禹门矿泉水是典型的深循环构造裂隙水。

矿泉水产地为花岗岩剥蚀丘陵地形，由北向南倾斜，标高一般为 400 ~ 250 m。矿泉产地背靠大围山面向盆地，属于山前的地形变化地带。本区由于降水量丰沛，地形陡峻，再加上断层发育，因此不仅地表水网发育，而且地下水的活动也比较强烈。

禹门矿泉水出露于石崖岗南侧的半山坡北西向小冲沟中（即北西断层上），动态相对稳定，水量为 1.85 ~ 2.58 m³/h。

2）矿泉水源产地水质化学特征

该泉水无色，无臭，口感好，口味醇正甘甜，水质清澈透明，水温为 18 ~ 19℃，属冷泉；水中阳离子主要为 Ca^{2+} 4.12 mg/L，Na^+ 5.19 mg/L，其次为 K^+ 1.49 mg/L，Mg^{2+} 1.0 mg/L；阴离子中主要为 HCO_3^- 30.8 mg/L，其次为 SO_4^{2-} 5 mg/L，Cl^- 1.5 mg/L；含偏硅酸 52 ~ 59.86 mg/L，pH 为 6.6 ~ 6.73，属中性水；溶解性总固体浓度为 85.4 mg/L，属低矿化度的淡水；总硬度（以 $CaCO_3$ 计）为 12.87 mg/L，属极软水，水化学类型为 HCO_3 – Ca + Na 型，是一种低矿化度、中性、重碳酸钙钠型的偏硅酸矿泉水；含锂、锶、锌、硒等。各项指标见表 7 – 8。

表7-8　禹门矿泉水各项指标检测结果表　　　　　单位：mg/L

	项目	国家标准	测定值		项目	国家标准	测定值
界限指标	H_2SiO_3	≥25.0	59.86	限量指标	Cu	<1.0	0.05
	Sr	≥0.20	<0.01		Cd	<0.003	0.001
	Li	≥0.20	0.033		Cr	<0.05	0.01
	Zn	≥0.20	0.05		Pb	<0.01	0.01
	Se	≥0.01	0.002		Hg	<0.001	0.0001
	游离CO_2	≥250	17.6		Ag	<0.05	0.005
	溶解性总固体	≥1000	85.4		As	<0.01	0.01
污染指标	CN^-	<0.010	<0.001		Se	<0.05	0.002
	NO_2^-	<0.1	0.001		Ba	<0.7	0.0062
	挥发酚	<0.002	<0.0001		B	<5	<0.01
	总β	<1.50 Bq/L	0.117		F^-	<1.5	0.1
微生物	细菌总数	5 cfu/mL			NO_3^-	<45	<0.5
	大肠杆菌	0 个/100 mL			耗氧量	<2.0	0.74
					^{226}Ra	<1.1 Bq/L	0.035

注：同表7-1。

7.2　岳阳矿泉水

　　岳阳古称巴丘，又称巴陵、岳州，位于湖南省东北部，一江(长江)、四水(湘、资、沅、澧)、两线(京广铁路、107国道)、三省(湘、鄂、赣)的多元交汇点上。北通巫峡、南极潇湘。国土总面积15019 km^2，市区面积824 km^2，现辖岳阳楼区、岳阳经济技术开发区、云溪区、君山区4个区，湘阴县、岳阳县、华容县、平江县4个县，代管汨罗市、临湘市2个县级市，设有岳阳经济技术开发区(国家级)、城陵矶临港产业新区、南湖新区和屈原管理区4个行政管理区。

　　水系主要有湘江、资水、汨水、桃林河、新店河等。

　　区域构造位于新华夏系第二复式沉降带的平江衡阳拗陷带中的长平盆地西北部；汨罗—湘阴断陷盆地，东西向构造体系的安化—宁乡—浏阳褶断带的东北带，由于处在多个构造体系的交汇处，故各类构造形迹发育，构造复杂，有利于矿泉水的形成。

地层有元古界前震旦系、冷家溪群和燕山期岩浆岩，幕阜山岩体规模很大，出露面积为二千余平方千米。岩浆岩有岳阳渭洞、华容桃花山、汨罗望湘、影珠山、平江幕阜山等花岗岩体。

岳阳矿泉水分布较广，除湘阴外各县都有矿泉水产出，尤其以华容最多。主要产自板溪群和花岗岩裂隙中。地处桃花山花岗岩岩体的塔市驿镇林场有2处，H_2SiO_3含量为 45.20 ~ 48.84 mg/L，其余终南乡、南山乡、治河渡镇、三封寺镇、墨山铺、鲁家铺子等共有十多处。

君山区钱粮湖镇有一处花岗岩钻井，含 H_2SiO_3 达 99.37 mg/L。

岳阳县新开镇有 4 处，荣家湾镇、公田镇、饶村乡、凤凰台各有 1 处，张谷英镇有 2 处。临湘县长塘镇新胜村和柳村各有 1 处，H_2SiO_3 含量为 39 ~ 56 mg/L；忠防镇有 1 处，已开发。

汨罗东北部智峰有 2 处，南部黄柏镇、高家坊、玉池各有 1 处含 H_2SiO_3 矿泉水。

平江县北部幕阜山花岗岩是虹桥镇、浆市街、沙铺里、板江、岑川等地含 H_2SiO_3 矿泉水云母岩，共发现有 6 处。

平江县南部福寿山发现有含 H_2SiO_3、游离 CO_2 的矿泉水 3 处。下面介绍几处矿泉水的赋存特征。

7.2.1 平江福寿山矿泉水

1）矿泉水源产地水文地质特征

福寿山矿泉水位于平江县最南端的思村乡北山村，东南有海拔 1279 m 的福寿山。南高北低，附近有小溪向北流入汨水。

该泉出露于长柏(平江长寿街至浏阳柏嘉山)断裂带上，位于北北东向主干压扭性断裂带及与它斜交的压性"人"字形断裂和北西向张性断裂交接部位。上盘 5 ~ 10 m 的断层泥组成相对隔水层，对气体有良好的封闭作用。大气降水通过燕山早期的裂隙及断裂破碎带渗入补给地下水，地下水在硅化带运移过程中与地壳深部岩浆冷却释放的二氧化碳气体混合形成了矿泉水。

2）矿泉水源产地水质化学特征

该泉水无色，无臭，无味，无肉眼可见物，水温为 19℃，属冷泉；水中阳离主要为 Ca^{2+} 7.94 mg/L、Na^+ 5.79 mg/L，其次为 Mg^{2+} 1.85 mg/L、K^+ 1.16 mg/L；阴离主要为 HCO_3^- 42.84 mg/L，其次为 Cl^- 0.69 mg/L，SO_4^{2-} 0.80 mg/L，pH 为 5.4，属弱酸性水，溶解性总固体浓度为 91.89 mg/L，属低矿化度的淡水；总硬度为 27.40 mg/L，属软水；水化学类型为 HCO_3 – Ca + Na 型；

含偏硅酸、溴、锌、锂等。各项指标见表 7 – 9。

表 7 – 9　福寿山矿泉水各项指标检测结果表　　　　单位：mg/L

	项目	国家标准	测定值		项目	国家标准	测定值
界限指标	H_2SiO_3	≥25.0	34.96	限量指标	Cu	<1.0	<0.05
	Sr	≥0.20	<0.01		Cd	<0.003	<0.001
	Li	≥0.20	<0.02		Cr	<0.05	<0.01
	Zn	≥0.20	<0.05		Pb	<0.01	<0.01
	Se	≥0.01	<0.002		Hg	<0.001	<0.0001
	游离 CO_2	≥250	510.40		Ag	<0.05	<0.005
	溶解性总固体	≥1000	91.89		As	<0.01	<0.01
污染指标	CN^-	<0.010	<0.001		Se	<0.05	<0.002
	NO_2^-	<0.1	0.001		Ba	<0.7	
	挥发酚	<0.002	<0.0001		B	<5	<0.17
	总 β	<1.50 Bq/L			F^-	<1.5	0.06
微生物	细菌总数	5 cfu/mL			NO_3^-	<45	4.0
	大肠杆菌	0 个/100 mL			耗氧量	<2.0	0.66
					^{226}Ra	<1.1 Bq/L	

注：同表 7 – 1。

7.2.2　平江县岑川矿泉水

1）矿泉水源产地水文地质特征

该矿泉位于平江县岑川包湾村，与汨罗市相邻，距离 107 国道仅 20 km。

测区属幕阜山余脉与洞庭湖平原东南接合部，为丘陵地区。东部为乌峰尖，标高为 604 m；西南米家寨标高 299 m；北靠九峰水库。

该矿泉出露于燕山晚期二长花岗岩岩体裂隙之中。

2）矿泉水源产地水质化学特征

该泉水无色，无臭，无味，水温为 18℃，属冷泉；水中阳离子主要为 Ca^{2+} 11.70 mg/L，Na^+ 8.75 mg/L，其次为 K^+ 3.75 mg/L，Mg^{2+} 0.25 mg/L；阴离子主要为 HCO_3^- 48.42 mg/L，其次为 Cl^- 5.52 mg/L，SO_4^{2-} 2.25 mg/L；pH 为

6.73，属中性水；溶解性总固体浓度为 122.84 mg/L，属低矿化度的淡水；总硬度为 30.25 mg/L，属软水；水化学类型为 $HCO_3 - Ca + Na$ 型；含偏硅酸、锶、锂、锌等。各项指标见表 7 - 10。

表 7 - 10　岑川矿泉水各项指标检测结果表　　　　　　单位：mg/L

	项目	国家标准	测定值	项目	国家标准	测定值
界限指标	H_2SiO_3	≥25.0	48.23	Cu	<1.0	<0.05
	Sr	≥0.20	0.04	Cd	<0.003	<0.001
	Li	≥0.20	<0.02	Cr	<0.05	<0.01
	Zn	≥0.20	<0.02	Pb	<0.01	<0.01
	Se	≥0.01	<0.001	Hg	<0.001	<0.0001
	游离 CO_2	≥250	19.25	Ag	<0.05	<0.005
	溶解性总固体	≥1000	122.84	As	<0.01	<0.01
污染指标	CN^-	<0.010	<0.001	Se	<0.05	<0.001
	NO_2^-	<0.1	<0.002	Ba	<0.7	
	挥发酚	<0.002	<0.0001	B	<5	0.01
	总 β	<1.50Bq/L		F^-	<1.5	
微生物	细菌总数	5 cfu/mL		NO_3^-	<45	5.0
	大肠杆菌	0 个/100 mL		耗氧量	<2.0	1.12
				^{226}Ra	<1.1 Bq/L	

注：同表 7 - 1。

7.2.3　华容南山矿泉水

1) 矿泉水源产地水文地质特征

该矿泉位于华容县城南 25 km 的南山乡。矿泉水钻井地在墟场边。地形地貌属洞庭湖盆地低山丘陵区。

南山乡的北、西、南三面为低山丘陵区，水系发育，有数条小溪流向东边的东湖。南山乡镇所在地为本地区地势较低处，标高 40.6 m。矿泉水距禹山主峰 1.8 km，距禹山脚边约 1 km，禹山标高 157 m

华容南山矿泉水赋存于冷家溪群灰色 - 灰绿色泥质、粉砂质板岩中。供水钻井揭露该处受构造破碎带影响,岩石破碎且硅化强烈,地下水溶蚀现象明显,呈蜂窝及网状孔洞。钻进此层发生涌水现象,水位高出地面 2.5 m,自流量 28.15 m³/d,抽水时水位降低 21.89 m,则钻孔涌水量为 256 m³/d。

2)矿泉水源产地水质化学特征

该处矿泉水无色,无臭,无味,无肉眼可见物,水温为 19.5℃,属冷泉;水中阳离子浓度主要为 Ca^{2+} 31.78 mg/L,Na^+ 30.27 mg/L,Mg^{2+} 15.69 mg/L,其次为 K^+ 1.16 mg/L;阴离子浓度主要为 HCO_3^- 255.76 mg/L,其次为 Cl^- 5.517 mg/L,SO_4^{2-} 3.28 mg/L;pH 为 7.53,属弱碱性水;溶解性总固体浓度为 384.45 mg/L,属低矿化度的淡水;总硬度为 143.85 mg/L,属软水;水化学类型为 $HCO_3 - Ca + Na + Mg$ 型;是一种低矿化度、弱碱、重碳酸钙钠镁型的偏硅酸矿泉水。含偏硅酸、锶、锂、锌等,各项指标见表 7 - 11。

表 7 - 11 南山矿泉水各项指标检测结果表 单位: mg/L

	项目	国家标准	测定值		项目	国家标准	测定值
界限指标	H_2SiO_3	≥25.0	51.37	限量指标	Cu	<1.0	<0.05
	Sr	≥0.20	0.08		Cd	<0.003	<0.001
	Li	≥0.20	0.04		Cr	<0.05	<0.01
	Zn	≥0.20	<0.02		Pb	<0.01	<0.01
	Se	≥0.01	<0.001		Hg	<0.001	0.0001
	游离 CO_2	≥250	25.3		Ag	<0.05	<0.005
	溶解性总固体	≥1000	384.45		As	<0.01	<0.01
污染指标	CN^-	<0.010	<0.001		Se	<0.05	<0.001
	NO_2^-	<0.1	<0.002		Ba	<0.7	0.05
	挥发酚	<0.002	<0.0001		B	<5	0.28
	总 β	<1.50 Bq/L			F^-	<1.5	0.17
微生物	细菌总数	5 cfu/mL	<3		NO_3^-	<45	1.20
	大肠杆菌	0 个/100 mL	未发现		耗氧量	<2.0	0.66
					^{226}Ra	<1.1 Bq/L	

注:同表 7 - 1。

7.2.4 华容青山矿泉水

1）矿泉水源产地水文地质特征

该矿泉位于华容县南山乡西北侧 2.5 km 处的胡家屋坳。测区东北方向最高禹山海拔 157 m。丘岗隆起，禹山突起，东西两翼低平开阔；南部为西湖，水系发育，山塘星罗棋布。

该矿泉水出露地层为冷家溪、板溪群组。

2）矿泉水源产地水质化学特征

该泉水无色，无臭，无味，透明清澈，水温为 19℃，属冷泉；水中阳离子主要为 Ca^{2+} 32.64 mg/L，Mg^{2+} 14.31 mg/L，其次为 Na^+ 20.03 mg/L，K^+ 1.16 mg/L；阴离子中主要为 HCO_3^- 207.73 mg/L，其次为 Cl^- 6.22 mg/L，SO_4^{2-} 5.29 mg/L；pH 为 7.93，属弱碱性水；溶解性总固体浓度为 323.7 mg/L，属低矿化度的淡水；总硬度（以 $CaCO_3$ 计）为 140.35 mg/L，属软水；水化学类型为 $HCO_3 - Ca + Mg$ 型；含偏硅酸、锂、锌、溴等。各项指标见表 7-12。

表 7-12　青山矿泉水各项指标检测结果表　　　　　　单位：mg/L

	项目	国家标准	测定值	项目	国家标准	测定值
界限指标	H_2SiO_3	≥25.0	44.92	Cu	<1.0	<0.05
	Sr	≥0.20	0.12	Cd	<0.003	<0.001
	Li	≥0.20	0.05	Cr	<0.05	<0.01
	Zn	≥0.20	<0.02	Pb	<0.01	0.02
	Se	≥0.01	<0.001	Hg	<0.001	0.0001
	游离 CO_2	≥250	4.4	Ag	<0.05	<0.005
	溶解性总固体	≥1000	323.7	限量指标 As	<0.01	<0.01
污染指标	CN^-	<0.010	<0.001	Se	<0.05	<0.001
	NO_2^-	<0.1	<0.002	Ba	<0.7	0.03
	挥发酚	<0.002	<0.0001	B	<5	
	总 β	<1.50 Bq/L	0.151	F^-	<1.5	0.00
微生物	细菌总数	5 cfu/mL		NO_3^-	<45	1.23
	大肠杆菌	0 个/100 mL		耗氧量	<2.0	1.02
				^{226}Ra	<1.1 Bq/L	0.015

注：同表 7-1。

7.2.5　华容三封寺镇桃花山矿泉水

1）矿泉水源产地水文地质特征

该矿泉位于华容县城东 8 km 处三封寺镇。

矿泉水地处三封寺镇东北侧桃花山麓南坡脚下。桃花山呈南北走向，长约 10 km，有小山峦十多座，主峰海拔标高 380 m。地形地貌属低山丘陵区，为构造剥蚀地貌特征。测区内海拔标高 48～380 m。在花岗岩区，岩性为斑状黑云母二长花岗岩，地形低洼处花岗岩部分强风化，呈松散状砂砾或含砾砂土。山顶呈圆形，多为缓坡。山间小溪流发育。

本区地形地貌特征制约着水系的生成展布，距水源地北部有两个小水库，与矿泉水无水力联系。测区地表水总体由北向南流动。华容河在西南部汇入东洞庭湖。

区域出露地层岩性较简单，主要为元古界前震旦系冷家溪群和燕山期岩浆岩。

冷家溪群在测区西部，与岩浆岩呈断层接触。岩性为灰色、青灰色粉砂质板岩。南部是第四系中更新统白沙井组。

岩浆岩是本区最主要的岩性，是桃花山岩体的一部分，桃花山矿泉水就产于花岗岩的构造裂隙之中。

桃花山矿泉水是在板桥湖断裂与墨山铺断裂扭性断裂夹持区内，它们的低次序、低级别构造作用和影响，可能是矿泉水形成的主要原因。

2）矿泉水源产地水质化学特征

该泉水无色，无臭，无味，水温为 19.5℃，属冷泉；水中阳离子主要为 Ca^{2+} 42.39 mg/L，Na^+ 22.47 mg/L，其次为 Mg^{2+} 5.36 mg/L，K^+ 2.08 mg/L；阴离子中主要为 HCO_3^- 191.92 mg/L，其次为 Cl^- 8.41 mg/L，NO_3^- 0.12 mg/L；pH 为 7.15，属中性水；溶解性总固体浓度为 332.75 mg/L，属低矿化度的淡水；总硬度为 127.8 mg/L，属软水；水化学类型为 HCO_3 – Ca + Na 型；含偏硅酸、锂、锌、溴等。各项指标见表 7 – 13。

表7-13　三封寺桃花山矿泉水各项指标检测结果表　　单位：mg/L

	项目	国家标准	测定值		项目	国家标准	测定值
界限指标	H_2SiO_3	≥25.0	78.0	限量指标	Cu	<1.0	<0.05
	Sr	≥0.20	0.01		Cd	<0.003	<0.001
	Li	≥0.20	0.02		Cr	<0.05	<0.01
	Zn	≥0.20	0.02		Pb	<0.01	<0.01
	Se	≥0.01	<0.001		Hg	<0.001	<0.0001
	游离 CO_2	≥250	32.78		Ag	<0.05	<0.005
	溶解性总固体	≥1000	332.75		As	<0.01	<0.01
污染指标	CN^-	<0.010	<0.001		Se	<0.05	<0.001
	NO_2^-	<0.1	0.004		Ba	<0.7	
	挥发酚	<0.002	<0.0001		B	<5	0.81
	总β	<1.50 Bq/L			F^-	<1.5	
微生物	细菌总数	5 cfu/mL			NO_3^-	<45	0.12
	大肠杆菌	0 个/100 mL			耗氧量	<2.0	1.63
					^{226}Ra	<1.1 Bq/L	

注：同表7-1。

7.2.6　华容终南山矿泉水

1）矿泉水源产地水文地质特征

该矿泉位于华容县城关南15 km终南乡。

矿泉区地处禹山麓北坡脚下。禹山呈南北走向，长约4 km，有小山峦数座。主峰海拔157 m。山坡坡角一般为15～20°，受岩性构造控制。属低山丘陵区，岩性由冷家溪板岩构成。

终南山的西南部地势较高，牛皮岭标高118 m。水源地泉口标高29 m。

水系发育，主要有华容河从水源地北部流过注入东洞庭湖；东部有水渠纵横交错，流入北湖。区域出露于冷家溪群灰色－灰绿色泥质、粉砂质板岩中，该处受构造破碎带影响，岩石破碎且硅化强烈，地下水溶蚀现象厉害。

2）矿泉水源产地水质化学特征

该泉水无色，无臭，无肉眼可见物，水温为19℃，属冷泉；水中阳离子主要为 Na$^+$ 38.53 mg/L，Ca^{2+} 25.84 mg/L，Mg^{2+} 16.69 mg/L，其次为 K$^+$ 1.49 mg/L；阴离子中主要为 HCO$_3^-$ 244.70 mg/L，其次为 Cl$^-$ 5.93 mg/L，SO$_4^{2-}$ 3.20 mg/L；pH 为 6.5，属中性水；溶解性总固体浓度为 383 mg/L，属低矿化度的淡水；总硬度为 133.1 mg/L，属软水、水化学类型为 HCO$_3$ – Na + Ca + Mg 型。含偏硅酸、锶、锂、溴等。各项指标见表 7 – 14。

表 7 – 14　终南乡矿泉水各项指标检测结果表　　　　　单位：mg/L

	项目	国家标准	测定值		项目	国家标准	测定值
界限指标	H$_2$SiO$_3$	≥25.0	60.32	限量指标	Cu	<1.0	<0.05
	Sr	≥0.20	0.06		Cd	<0.003	<0.001
	Li	≥0.20	0.06		Cr	<0.05	<0.01
	Zn	≥0.20	0.02		Pb	<0.01	<0.01
	Se	≥0.01	<0.001		Hg	<0.001	<0.0001
	游离 CO$_2$	≥250	20.24		Ag	<0.05	<0.005
	溶解性总固体	≥1000	383		As	<0.01	<0.01
污染指标	CN$^-$	<0.010	<0.001		Se	<0.05	<0.001
	NO$_2^-$	<0.1	<0.002		Ba	<0.7	
	挥发酚	<0.002	0.001		B	<5	
	总 β	<1.50 Bq/L			F$^-$	<1.5	0.25
微生物	细菌总数	5 cfu/mL			NO$_3^-$	<45	0.40
	大肠杆菌	0 个/100 mL			耗氧量	<2.0	1.81
					^{226}Ra	<1.1 Bq/L	

注：同表 7 – 1。

7.2.7　岳阳县张谷英矿泉水

1）矿泉水源产地水文地质特征

张谷英饮用天然矿泉水位于享有"天下第一村"的湖南省岳阳县张谷英镇张谷英村，产于受构造裂隙控制的花岗闪长岩岩体中，是一处典型的深循环构造裂隙水。

该泉出露在北北东向断裂以西，近东西向断裂北部，该地区岩石节理发育，为矿泉水提供了深部循环的主要通道和贮存空间。矿泉水产于花岗闪长岩岩体中，其矿物组分主要为长石、石英、云母、角闪石和绿泥石等，这些矿物含有大量的 SiO_2 和 Sr、Zn、Li 等微量元素（见表 7 - 15），为矿泉水的形成提供了丰富的物质来源。

表 7 - 15　矿泉水水源地花岗闪长岩分析结果表　　单位：$\omega(B)/10^{-2}$

SiO_2	Al_2O_3	Fe_2O_3	CaO	MgO	K_2O	Na_2O	B	Cr	Li	Sr
62.42	15.48	4.22	3.15	1.98	2.8	3.5	0.003	0.001	0.002	0.005

Zn	Cu	Ag	V	Mn	Ni	Pb	Ba	Hg	As	
0.005	0.003	0.0002	0.005	0.01	0.001	0.0005	0.01	0.005	0.0001	

该矿泉水是在独特的水文地质和水文地球化学环境下形成的，大气降水在该区渗入地下后，部分沿构造裂隙向深部渗流运移。在循环过程中，花岗闪长岩含有的大量硅酸盐被地下水溶解析出于地下水中，经过深循环后，形成了含有多种微量元素矿泉水。

2）矿泉水源产地水质化学特征

该泉水无色，无臭，无肉眼可见物，清澈透明；水温为 20℃，属冷泉；水中阳离子主要为 Ca^{2+} 9.44 mg/L、Na^+ 9.35 mg/L，其次为 Mg^{2+} 2.29 mg/L；阴离子中主要为 HCO_3^- 66.36 mg/L，其次为 Cl^- 2.78 mg/L；pH 为 6.6～7.7，属中性水；溶解性总固体浓度为 117.1～128.07 mg/L，属低矿化度的淡水；总硬度（以 $CaCO_3$ 计）为 30.15～32.75 mg/L，属软水；水化学类型为 HCO_3 - Na + Ca 型，是一种低钠、低矿化度偏硅酸矿泉水；含锌、锶、锂等。各项指标见表7 - 16。

表7-16 张谷英矿泉水各项指标检测结果表　　单位：mg/L

	项目	国家标准	测定值		项目	国家标准	测定值
界限指标	H_2SiO_3	≥25.0	52.38	限量指标	Cu	<1.0	<0.05
	Sr	≥0.20	<0.04		Cd	<0.003	<0.001
	Li	≥0.20	<0.03		Cr	<0.05	<0.01
	Zn	≥0.20	<0.05		Pb	<0.01	<0.01
	Se	≥0.01	<0.001		Hg	<0.001	<0.0001
	游离 CO_2	≥250	21.78		Ag	<0.05	<0.005
	溶解性总固体	≥1000	128.07		As	<0.01	<0.01
污染指标	CN^-	<0.010	0.01		Se	<0.05	<0.001
	NO_2^-	<0.1	<0.002		Ba	<0.7	0.09
	挥发酚	<0.002	<0.002		B	<5	0.61
	总β	<1.50Bq/L	0.153		F^-	<1.5	0.30
微生物	细菌总数	5 cfu/mL	<2		NO_3^-	<45	3.70
	大肠杆菌	0 个/100 mL	未检出		耗氧量	<2.0	1.54
					^{226}Ra	<1.1 Bq/L	0.026

注：同表7-1。

7.2.8 岳阳县月田镇太子泉矿泉水

1）矿泉水源产地水文地质特征

太子泉天然矿泉水位于湖南省岳阳县月田镇江先村。该泉水有百年以上历史，背面邻山，前面为水稻田。

矿泉水水源地属幕阜山山脉北西山前低山丘陵区，为构造剥蚀地貌特征。本区出露的地层岩性简单，主要有元古界前震旦系冷溪群和燕山期岩浆岩。岩浆岩是本区最主要的岩石，岩性为斑状黑云母二长花岗岩和黑云母花岗闪长岩。太子泉天然矿泉水就产于花岗岩的构造裂隙之中。

该处区域构造十分发育，既有新华夏构造体系多期次的热液活动，又有北西向深大断裂产生叠加影响，同时也是幕阜山岩体西北前沿与前震旦系冷家溪群老地层呈断层接触部位。因而花岗岩基岩裂隙水丰富，构造上升泉成群出现。

矿泉水受华夏构造体系中低序次、低级别的构造裂隙带控制，是深循环构造裂隙承压水。水源以上升泉的形式出露地表，水头高出地面 0.68 m，矿泉水从二云母二长花岗岩构造裂隙中呈股状涌出，并夹有气泡冒出水面。

矿泉水常年水量丰富、稳定，不受气候季节的影响。

2）矿泉水源产地水质化学特征

该泉水无色，无臭，清澈透明、甘甜爽口，水温为 19～20℃，属冷泉；水中阳离子主要为 Na^+ 7.6～7.8 mg/L，Ca^{2+} 6～6.25 mg/L，其次为 Mg^{2+} 0.8～1.9 mg/L，K^+ 1.26～2.02 mg/L；阴离子中主要为 HCO_3^- 37～40 mg/L，其次为 SO_4^{2-} 1.42～2.17 mg/L，Cl^- 2.05～3.41 mg/L；水中偏硅酸含量为 49～53 mg/L，氡含量达 155～187Bq/L；pH 为 6.6～7.0，属中性水；溶解性总固体浓度为 98～104.2 mg/L，属低矿化度的淡水；总硬度（以 $CaCO_3$ 计）为 19.66 mg/L，属极软水，水化学类型为 HCO_3 – Na + Ca 型，是一种低矿化度、低钠、含氡、锂、锌、硒、偏硅酸矿泉水。各项指标见表 7 – 17。

表 7 – 17　太子矿泉水各项指标检测结果表　　　　单位：mg/L

	项目	国家标准	测定值		项目	国家标准	测定值
界限指标	H_2SiO_3	≥25.0	52.9	限量指标	Cu	<1.0	<0.02
	Sr	≥0.20	0.09		Cd	<0.003	<0.001
	Li	≥0.20	0.01		Cr	<0.05	<0.01
	Zn	≥0.20	0.01		Pb	<0.01	<0.01
	Se	≥0.01	<0.001		Hg	<0.001	<0.0001
	游离 CO_2	≥250	6.32		Ag	<0.05	<0.005
	溶解性总固体	≥1000	104.2		As	<0.01	<0.01
污染指标	CN^-	<0.010	<0.002		Se	<0.05	<0.001
	NO_2^-	<0.1	<0.002		Ba	<0.7	0.018
	挥发酚	<0.002	<0.002		B	<5	<0.02
	总 β	<1.50 Bq/L	0.14		F^-	<1.5	0.12
微生物	细菌总数	5 cfu/mL	<5		NO_3^-	<45	4.22
	大肠杆菌	0 个/100 mL	<3		耗氧量	<2.0	0.65
					^{226}Ra	<1.1 Bq/L	0.048

注：同表 7 – 1。

7.2.9 岳阳县天顶山矿泉水

1）矿泉水源产地水文地质特征

该矿泉位于月田镇茨同村，距岳阳县城 50 km，属于构造剥蚀丘陵区。

南西部地势较高，北东部相对低平，标高一般为 150～250 m，最高 321 m，最低为下河下屋龚处 92 m。泉井标高 140 m 左右，相对高差为 110 m 左右，沟谷以"V"形谷为主，纵向坡度一般在 15°以上。人烟稀少，植被十分发育。

水文：没大河，只有沙河从水源地东部由南向北流经月田区，再转向西角流出。

区域出露地层：有元古界冷家溪群、震旦系上统、新生界古近系古新统及第四系。岩浆岩为燕山早期花岗岩，属幕阜山岩体的一部分，呈岩株产出，岩性为中细粒二云母二长花岗岩。

地质构造位于幕阜山望湘新华夏系隆起中的月田隆起区。区内新华夏系构造最发育，由数条压扭性断裂组成，规模不等，一般长 20～45 km，走向为 30°～40°，倾向北西或南东，倾角为 40°～70°。其次是北西向构造——长条、杨柳冲—余家大屋，此断裂有三处泉水出露，天顶山水就在该断裂带上盘。水流量为 0.4625 L/s，最小流量为 0.40 L/s，不稳定系数为 0.94。

2）矿泉水源产地水质化学特征

该泉水无色，无臭，无味，水温为 18℃，属冷泉；水中阳离子主要为 Ca^{2+} 10.2 mg/L、Na^+ 9.0 mg/L，其次为 Mg^{2+} 2.92 mg/L，K^+ 1.54 mg/L；阴离子主要为 HCO_3^- 67.12 mg/L，其次为 SO_4^{2-} 12.54 mg/L，Cl^- 4.61 mg/L；含偏硅酸 56.79～60.92 mg/L；pH 为 6.80～7.10，属中性水；溶解性总固体浓度为 144.7～146.9 mg/L，属淡水；总硬度为 36.8～39.8 mg/L，属软水，水化学类型为 HCO_3 – Ca + Na 型，是一种低矿化度的偏硅酸矿泉水；含锶、锂、锌、硒等，各项指标见表 7 – 18。

表 7 - 18　天顶山矿泉水各项指标检测结果表　　　　单位：mg/L

	项目	国家标准	测定值		项目	国家标准	测定值
界限指标	H_2SiO_3	≥25.0	60.92	限量指标	Cu	<1.0	0.026
	Sr	≥0.20	0.102		Cd	<0.003	<0.001
	Li	≥0.20	0.012		Cr	<0.05	<0.01
	Zn	≥0.20	<0.01		Pb	<0.01	<0.01
	Se	≥0.01	0.002		Hg	<0.001	<0.0001
	游离 CO_2	≥250	38.6		Ag	<0.05	<0.005
	溶解性总固体	≥1000	146.9		As	<0.01	<0.01
污染指标	CN^-	<0.010	<0.002		Se	<0.05	0.002
	NO_2^-	<0.1	<0.002		Ba	<0.7	
	挥发酚	<0.002	<0.002		B	<5	0.26
	总 β	<1.50 Bq/L			F^-	<1.5	0.24
微生物	细菌总数	5 cfu/mL			NO_3^-	<45	4.12
	大肠杆菌	0 个/100 mL			耗氧量	<2.0	1.08
					^{226}Ra	<1.1 Bq/L	

注：同表 7 - 1。

7.2.10　临湘市长塘镇柳村矿泉水

1）矿泉水源产地水文地质特征

该矿泉水位于临湘市南部大云山脉西侧，离岳阳市区 30 余 km，测区东高西低，东北部群山起伏，水系发育。地貌类型以丘陵为主，出露于白垩系戴家坪组、断裂带中。

2）矿泉水源产地水质化学特征

该泉水无色，无味，无臭，无肉眼可见物，水温为 18.5℃，属冷泉；含氡 93.4Bq/L；水中阳离子主要为 Na^+ 17.80 mg/L、Ca^{2+} 14.29 mg/L，其次为 Mg^{2+} 2.77 mg/L、K^+ 1.16 mg/L；阴离子主要为 HCO_3^- 103.86 mg/L，其次为 Cl^- 4.38 mg/L、SO_4^{2-} 4.00 mg/L；pH 为 7.60，属弱碱性水；溶解性总固体浓度为 194.14 mg/L，属低矿化度的淡水；总硬度为 47.10 mg/L，属软水；水化学类型为 $HCO_3 - Na + Ca$ 型；含偏硅酸、锂、锌、溴等。各项指标见表 7 - 19。

表 7 - 19 柳村矿泉水各项指标检测结果表 单位: mg/L

	项目	国家标准	测定值		项目	国家标准	测定值
界限指标	H_2SiO_3	≥25.0	56.35	限量指标	Cu	<1.0	<0.05
	Sr	≥0.20	<0.02		Cd	<0.003	<0.001
	Li	≥0.20	0.040		Cr	<0.05	<0.01
	Zn	≥0.20	<0.01		Pb	<0.01	<0.01
	Se	≥0.01	<0.002		Hg	<0.001	<0.0001
	游离 CO_2	≥250	8.80		Ag	<0.05	<0.005
	溶解性总固体	≥1000	194.14		As	<0.01	<0.01
污染指标	CN^-	<0.010	<0.002		Se	<0.05	0.002
	NO_2^-	<0.1	<0.002		Ba	<0.7	
	挥发酚	<0.002	<0.002		B	<5	
	总 β	<1.50 Bq/L			F^-	<1.5	0.90
微生物	细菌总数	5 cfu/mL			NO_3^-	<45	1.00
	大肠杆菌	0 个/100 mL			耗氧量	<2.0	0.61
					^{226}Ra	<1.1 Bq/L	

注: 同表 7 - 1。

7.2.11 汨罗市黄柏镇神顶山矿泉水

1)矿泉水源产地水文地质特征

该矿泉水位于汨罗市黄柏镇 107 国道旁英公桥村,交通方便,属丘陵地貌。测区西部为神顶山脉,东部为车对河缓缓流过,向北流入汨罗江。

矿泉水出露地层为燕山期黑云母、二云母花岗岩。

2)矿泉水源产地水质化学特征

该泉水无色,无臭,无味,无肉眼可见物,水温为 20℃,属冷泉;水中阳离子浓度主要为 Ca^{2+} 8.74 mg/L、Na^+ 7.79 mg/L,其次为 Mg^{2+} 1.85 mg/L、K^+ 1.58 mg/L;阴离子浓度主要为 HCO_3^- 59.72 mg/L,其次为 Cl^- 3.45 mg/L,SO_4^{2-} 0.96 mg/L;pH 为 6.8,属中性水;溶解性总固体浓度为 131.80 mg/L,属低矿化度的淡水;总硬度为 29.40 mg/L,属软水;水化学类型为 $HCO3 - Ca + Na$ 型;含偏硅酸、锂、锌、锶等。各项指标见表 7 - 20。

表7-20　神顶山矿泉水各项指标检测结果表　　　　单位：mg/L

	项目	国家标准	测定值		项目	国家标准	测定值
界限指标	H_2SiO_3	≥25.0	57.08	限量指标	Cu	<1.0	<0.05
	Sr	≥0.20	0.020		Cd	<0.003	<0.001
	Li	≥0.20	0.020		Cr	<0.05	<0.01
	Zn	≥0.20	<0.01		Pb	<0.01	<0.01
	Se	≥0.01	<0.002		Hg	<0.001	<0.0001
	游离CO_2	≥250	26.40		Ag	<0.05	<0.005
	溶解性总固体	≥1000	131.80		As	<0.01	<0.01
污染指标	CN^-	<0.010	<0.002		Se	<0.05	<0.002
	NO_2^-	<0.1	<0.002		Ba	<0.7	
	挥发酚	<0.002	<0.002		B	<5	0.34
	总β	<1.50 Bq/L			F^-	<1.5	0.12
微生物	细菌总数	5 cfu/mL			NO_3^-	<45	2.50
	大肠杆菌	0 个/100 mL			耗氧量	<2.0	0.85
					^{226}Ra	<1.1 Bq/L	

注：同表7-1。

7.3　衡阳矿泉水

衡阳市位于湖南省南部，湘江中游，东邻株洲市攸县，南接郴州市安仁县、永兴县、桂阳县，西邻永州市冷水滩区、祁阳县以及邵阳市邵东县，北靠娄底市双峰县和湘潭市湘潭县。总面积为15310 km²，辖雁峰区、石鼓区、珠晖区、蒸湘区、南岳区5个市辖区，衡阳县、衡南县、衡山县、衡东县、祁东县5个县，代管耒阳市、常宁市2市。

境内有南岳主峰祝融峰，海拔1290 m。有湘江、耒水、蒸水、春陵水、宜水、栗江、白河等流经境内。

水系主要有湘江、蒸水、耒水、涓水、春陵水、祁水、白河、靖江等。

区域构造位于新华夏系第二复式沉降带的平江—衡阳拗陷带中的衡阳盆地

西南部,呈多字型构造特点,有 4 组大断裂。地层主要有白垩系戴家坪组、板溪群马底驿组,岩浆岩有南岳、耒阳五峰仙花岗岩等

衡阳矿泉水分布较广,几乎每个县都有。衡山 11 处、衡南 6 处、耒阳 3 处、衡阳 3 处,衡东、祁东、常宁各 1 处。除个别矿泉点达标元素单一外,其他都是 H_2SiO_3、Sr 两项达标复合型矿泉水。下面介绍两处矿泉水化学特征。

7.3.1 耒阳汤泉矿泉水

1)矿泉水水源地水文地质特征

汤泉矿泉水位于耒阳市东边距离 25 km 的枫泉桥边湾村,距衡阳市约 100 km。0.1 km² 内泉点成群,属于大断裂带岩溶水。

区内地热北高南低,最高点在北部三保冲附近,标高 580 m,南部较低,标高一般 200 m 左右,矿泉出露处标高约 190 m。

矿泉附近属构造溶蚀剥蚀丘陵地形,地貌受构造和岩性控制。山脊与地层走向大体平行,受构造破坏的地段多成沟谷。

区域内的地层自老至新有:上泥盆统佘田桥组、锡矿山组,下石炭统岩关阶、大塘阶,中上石炭统壶大群,二叠系栖霞组,中侏罗统、上白垩统戴家坪组下段,古近系和第四系。

区内有五峰仙岩体,属燕山早期产物,岩性为中粒,中、细粒黑云母花岗岩。

本区地质构造位于新华夏系第二沉降带东缘,安仁—桂阳新华夏系断褶带中,发育一系列的褶皱和断裂,矿泉附近有 5 条断裂,其中 F5 对矿泉起控制作用。

2)矿泉水源产地水质化学特征

该泉水无色,无臭,无味,无肉眼可见物,水温为 38~38.5℃,属温泉;水中阳离子主要为 Ca^{2+} 89.18 mg/L,其次为 Mg^{2+} 26.67 mg/L,K^+ 2.75 mg/L,Na^+ 1.25 mg/L;阴离子主要为 HCO_3^- 234.92 mg/L,SO_4^{2-} 116.38 mg/L,其次为 Cl^- 3.55 mg/L;水中含 H_2SiO_3 31.40~45.58 mg/L,锶 1.28~1.41 mg/L;pH 为 6.2~7.5,属中性水;溶解性总固体浓度为 403.99~511.47 mg/L,属低矿化度的淡水;总硬度为 95.1~121 mg/L,属软水,水化学类型为 $HCO_3 + SO_4 - Ca$ 型,是一种含锶的偏硅酸矿泉水;含锂、锌、溴等。各项指标见表 7–21。

表7-21　汤泉矿泉水各项指标检测结果表　　　　单位：mg/L

	项目	国家标准	测定值		项目	国家标准	测定值
界限指标	H_2SiO_3	≥25.0	31.40	限量指标	Cu	<1.0	<0.05
	Sr	≥0.20	1.38		Cd	<0.003	<0.001
	Li	≥0.20	0.012		Cr	<0.05	<0.01
	Zn	≥0.20	0.12		Pb	<0.01	<0.01
	Se	≥0.01	<0.002		Hg	<0.001	<0.0001
	游离CO_2	≥250			Ag	<0.05	<0.005
	溶解性总固体	≥1000	494		As	<0.01	0.01
污染指标	CN^-	<0.010	<0.002		Se	<0.05	<0.002
	NO_2^-	<0.1	<0.002		Ba	<0.7	
	挥发酚	<0.002	0.707		B	<5	0.04
	总β	<1.50 Bq/L			F^-	<1.5	0.64
微生物	细菌总数	5 cfu/mL	3		NO_3^-	<45	0.05
	大肠杆菌	0 个/100 mL	0		耗氧量	<2.0	
					^{226}Ra	<1.1 Bq/L	

注：同表7-1。

7.3.2　衡南榨市龙井天然矿泉水

1）矿泉水源产地水文地质特征

该矿泉水位于衡南县西部榨市镇，离湘桂铁路谭子山站仅10 km，交通方便。

水系发育，以栗江为主，其中有三条小溪注入。西南有斗山桥水库，水量丰沛。

地形地貌为低山丘陵区，北高南低，三面环山，南面地势平坦。

矿泉水处于衡阳盆地中部，陆相沉积红色盆地。地层为白垩系上统，自下而上分为戴家坪组、东塘组，都有出露，为山麓河流-湖相沉积，含有紫红色长石石英砂岩、砂砾岩夹砂质泥岩、粉砂岩。河岸有第三系、第四系覆盖。

本区地质构造处于两条北东向大断裂带之间，北边是谭子山断裂，南边是衡阳—祁东乌江断裂，其中夹有北西向断裂数条。这两组断裂构造与褶皱构造成伴生关系，岩层破碎，含水层水量丰富。龙井矿泉水出露于白垩系红色粉砂岩中。

2）矿泉水源产地水质化学特征

该泉水无色，无臭，无味，水温为 18.5℃，属冷泉；水中阳离子主要为 Ca^{2+} 86.21 mg/L，Mg^{2+} 31.95 mg/L，其次为 Na^+ 25.89 mg/L，K^+ 1.66 mg/L；阴离子主要为 HCO_3^- 431.28 mg/L，其次为 SO_4^{2-} 36.0 mg/L，Cl^- 9.57 mg/L；含偏硅酸 42.44 mg/L；pH 为 6.8，属中性水；溶解性总固体浓度为 655.89 mg/L，属淡水；总硬度为 346.55 mg/L，属软水；化学类型为 HCO_3 – Ca + Mg 型，是一种低矿化度锶偏硅酸矿泉水；含锶、锂、锌等。各项指标见表表 7 – 22。

表 7 – 22　龙井矿泉水各项指标检测结果表　　　　单位：mg/L

	项目	国家标准	测定值		项目	国家标准	测定值
界限指标	H_2SiO_3	≥25.0	42.44	限量指标	Cu	<1.0	<0.001
	Sr	≥0.20	0.78		Cd	<0.003	<0.001
	Li	≥0.20	0.09		Cr	<0.05	<0.001
	Zn	≥0.20	0.03		Pb	<0.01	0.004
	Se	≥0.01	<0.0001		Hg	<0.001	<0.0001
	游离 CO_2	≥250	31.46		Ag	<0.05	<0.001
	溶解性总固体	≥1000	655.89		As	<0.01	<0.01
污染指标	CN^-	<0.010	<0.001		Se	<0.05	<0.0001
	NO_2^-	<0.1	<0.002		Ba	<0.7	
	挥发酚	<0.002	<0.001		B	<5	0.19
	总 β	<1.50 Bq/L			F^-	<1.5	0.35
微生物	细菌总数	5 cfu/mL	3		NO_3^-	<45	0.08
	大肠杆菌	0 个/100 mL	0		耗氧量	<2.0	1.5
					^{226}Ra	<1.1 Bq/L	

注：同表 7 – 1。

7.4 株洲矿泉水

株洲位于湖南省东部，位于北纬26°03'05″—28°01'07″，东经112°57'30″—114°07'15″。是湖南省"一点一线"区域经济带的重要城市，也是全省经济最发达的长、株、潭"金三角"一隅，有着得天独厚的区位优势。株洲是我国南方最大的交通枢纽，现辖天元区、芦淞区、荷塘区、石峰区、渌口区5区，攸县、茶陵县、炎陵县3县，代管县级醴陵市。总面积为11420 km²，其中市区面积542 km²。

株洲地处罗霄山脉南端，东连江西井冈山，南接桂东八面山，西北有武功山，划为自然保护区；整个地势由东南向西北倾斜，群峰林立，怪石嵯峨，沟壑纵横，河溪奔涌，气势磅礴。

水系主要有湘江、渌水、洣水、攸水、沙河、浊江、洮水、斜漱水、河漠水等。

本区地层出露比较齐全，从元古界板溪群到中生界三叠系有出露，且有一些地段上覆盖着白垩系、第四系，岩浆岩、花岗岩分布较广泛，主要有枫林市、宏夏桥、万洋山、丫江桥岩体。该区处于罗霄山山脉西北部，构造以新华夏系构造为特征，如具典型的多字型构造特征的醴茶永盆地。有两条大的断裂起始于茶陵、炎陵，呈北北东向。

株洲除茶陵暂未发现有矿泉水外，其他县市都有，醴陵市枫林镇处于加里东期二长花岗岩中，因而形成矿泉水田，共有8处。荷塘区有2处，位于明照乡龙照村，出露于冷家溪群砂质板岩、夹板岩、细砂岩等，此矿泉已开发。

株洲县仙井的张公岭及漂沙井两处，均属 $HCO_3 - Na + Ca$ 型，含 H_2SiO_3 46.67~51.22 mg/L，产自加里东期花岗闪长岩裂隙中。

炎陵县平乐乡乐岩矿泉有1处，出露在 $r_5^{2(1)}$ 燕山早期花岗岩中，有北东向压性断裂层通过，含水丰富。城关霞阳镇有1处矿泉水已开发。

攸县城关、湖南坳、柏市镇温水各有1处矿泉水。

下面介绍两处矿泉水赋存特征。

7.4.1 株洲荷塘区明照乡龙洲矿泉水

1) 矿泉水源产地水文地质特征

龙洲矿泉位于株洲市荷塘区中部明照乡龙洲村。

区内地势东部高，为东北部北星河、南部白关河与西部龙头铺河的分水岭，四周皆低。矿泉水水源附近标高 63.89 m。

区内属构造侵蚀剥蚀丘陵地貌和堆积地貌。

地表水系较发育，主要有龙头铺河、北星河和白关河，呈放射状展布，矿泉水处于前者上游。该三水系是区内降水及地下水的排泄通道。

矿泉水点附近出露地层有中元古界冷家溪群、泥盆系和第四系。地质构造位于湘东新华夏系褶断带与浏阳—衡山华夏系褶断带的复合部位，构造复杂。区内主要由株洲构造盆地和金盆仑—北星桥构造隆起组成。

矿泉水附近为一背斜，轴向 45°~50°，两翼岩层产状多变，部分并有倒转现象，倾角 50°~75°，有向南西倾伏的趋势。该部由冷家溪群雷神庙组构成，两翼为黄浒洞组，在北西两翼上覆有泥盆系。矿泉水位于该背斜轴东侧，断裂发育，以北东向为主，间距 120~400 m，断裂规模较大，且与矿泉水关系密切的断裂有两条，即 F1 和 F2。F1 断裂位于矿泉水东侧约 450 m，属压扭性断裂，F2 断裂位于矿泉水西约 700 m，属压性断裂。

区内地下水有松散层孔隙水、红层孔隙裂隙水、基岩裂隙水和碳酸盐岩溶洞裂隙水四类。本矿泉水属基岩裂隙水。

区内经受构造运动次数多，断裂裂隙发育，为区内地下水接受大气降水补给提供了有利条件。大气降水通过第四系松散层孔隙、基岩裂隙和断裂向地下渗透，其中一部分水渗入地下经浅部循环后，在低洼地段以常见的泉水形式排泄于地表。另一部分继续向深部循环过程中，在较长的埋藏时间里，与变质石英砂岩、煌斑岩、石英脉等富硅介质充分接触，溶解或溶滤了一定量的化学组分，与此同时，向 F1 的支断裂带附近汇集并赋存起来，待钻孔揭穿后，就成为矿泉水。

2）矿泉水源产地水质化学特征

该泉水无色，无臭，水温为 19℃，属冷泉；水中阳离子主要为 Ca^{2+} 10.02 mg/L，Mg^{2+} 8.75 mg/L；阴离子主要为 HCO_3^- 79.32 mg/L，水化学类型为 $HCO_3-Ca+Mg$ 型。pH 为 6.1~6.5，属偏酸性水；溶解性总固体浓度为 116.61~135.8 mg/L，属低矿化度的淡水；总硬度为 1.0° dH~1.3° dH，属极软水，偏硅酸含量 39.0~40.0 mg/L，符合饮用天然矿泉水国家标准，此外还含有 Fe、F、Sr、Li、Mo、Se、Zn 等十余种对人体有益的微量元素，有害元素均在允许范围内，耗氧量为 0.60~1.64 mg/L，说明该矿泉水是卫生的，未受污染。钠含量很低，仅 4.08~4.70 mg/L，是一种低矿化度、超低钠矿泉水。各项指标见表 7-23。

表 7-23 龙洲矿泉水各项指标检测结果表   单位：mg/L

	项目	国家标准	测定值		项目	国家标准	测定值
界限指标	H_2SiO_3	≥25.0	39.0	限量指标	Cu	<1.0	<0.05
	Sr	≥0.20	0.03		Cd	<0.003	<0.001
	Li	≥0.20	<0.02		Cr	<0.05	<0.01
	Zn	≥0.20	0.033		Pb	<0.01	<0.01
	Se	≥0.01	<0.002		Hg	<0.001	<0.0001
	游离 CO_2	≥250	13.20		Ag	<0.05	<0.005
	溶解性总固体	≥1000	135.8		As	<0.01	<0.01
污染指标	CN^-	<0.010	<0.002		Se	<0.05	<0.002
	NO_2^-	<0.1	0.003		Ba	<0.7	
	挥发酚	<0.002	<0.002		B	<5	
	总β	<1.50 Bq/L			F^-	<1.5	
微生物	细菌总数	5 cfu/mL			NO_3^-	<45	
	大肠杆菌	0 个/100 mL			耗氧量	<2.0	1.64
					^{226}Ra	<1.1 Bq/L	0.004

注：同表 7-1。

7.4.2 株洲县湘东矿泉水

1）矿泉水源产地水文地质特征

湘东矿泉水位于株洲县仙井乡，离株洲市仅 22 km。

区内地势北部高，由东北向西南倾斜，有一条小溪沿西南方向流入横贯株洲县东西向的渌水河。矿泉水水源附近标高 56 m。

区内属构造侵蚀剥蚀丘陵地貌和堆积地貌。

地表水系发育，山塘星罗棋布，油圳河支流呈放射状展布，矿泉水位于小河的上游，该水系是区内降水及地下水的排泄通道。

矿泉水附近出露地层比较简单，有加里东期花岗闪长岩，宏夏桥岩体，元古界冷家溪板岩和第四系。

地质构造位于湘东新华夏系褶断与浏阳—衡阳华夏系褶断带的复合部位，构造复杂。该矿泉水产自花岗闪长岩断裂破碎带中。

2）矿泉水源产地水质化学特征

该泉水无色，无臭，无味，属冷泉；水中阳离子主要为 Ca^{2+} 4.36 mg/L，Na^+ 4.75 mg/L，其次为 Mg^{2+} 1.32 mg/L，K^+ 1.58 mg/L；阴离子主要为 HCO_3^- 32.38 mg/L，其次为 SO_4^{2-} 0.40 mg/L，Cl^- 0.49 mg/L；含偏硅酸 45.63 mg/L；pH 为 6.70，属中性水；溶解性总固体浓度为 82.52 mg/L，属淡水；总硬度为 16.30 mg/L，属软水，水化学类型为 $HCO_3 - Ca + Na$ 型。是一种低矿化度的偏硅酸矿泉水；含锶、锂、锌、硒等。各项指标见表 7 - 24。

表 7 - 24　湘东矿泉水各项指标检测结果表　　单位：mg/L

	项目	国家标准	测定值		项目	国家标准	测定值
界限指标	H_2SiO_3	≥25.0	45.63	限量指标	Cu	<1.0	<0.05
	Sr	≥0.20	<0.02		Cd	<0.003	<0.001
	Li	≥0.20	<0.02		Cr	<0.05	<0.01
	Zn	≥0.20	<0.02		Pb	<0.01	<0.01
	Se	≥0.01	<0.002		Hg	<0.001	<0.0001
	游离 CO_2	≥250	12.10		Ag	<0.05	<0.005
	溶解性总固体	≥1000	82.52		As	<0.01	<0.01
污染指标	CN^-	<0.010	<0.002		Se	<0.05	<0.002
	NO_2^-	<0.1	<0.002		Ba	<0.7	
	挥发酚	<0.002	<0.002		B	<5	
	总 β	<1.50 Bq/L			F^-	<1.5	0.01
微生物	细菌总数	5 cfu/mL			NO_3^-	<45	1.50
	大肠杆菌	0 个/100 mL			耗氧量	<2.0	0.46
					^{226}Ra	<1.1 Bq/L	

注：同表 7 - 1。

7.5　湘潭矿泉水

湘潭位于湖南省中部，湘江中游，与长沙、株洲各相距 40 余 km，互成"品"字状，构成湖南省政治、经济、文化最发达的"金三角"地区。总面积为 5019 km²，现辖雨湖、岳塘二区和湘潭县及代管湘乡、韶山两个县级市。

湘潭地处湘中丘陵盆地中部，地势平缓，湘江及其支流涟水、涓水流经境内。年均温度为17℃，年均降水为1300 mm。

湘潭属亚热带季风性湿润气候区，温和的气候，充沛的雨量。主要河流有湘江及其支流涟水、涓水、石狮江、韶河，水系发育。

地层出露比较齐全，除志留系外，第四系、新近系、古近系、白垩系、侏罗系、三叠系、二叠系、泥盆系、奥陶系、震旦系、元古宙板溪群都有出露。区内岩浆岩有二长花岗岩、花岗斑岩。

区域内青山桥镇、石鼓镇歇马花岗岩是以石鼓镇为中心，方圆100余 km² 的重要岩体，有三条重要的断裂。发现有10多处含偏硅酸的矿泉水从地下自然涌出，其中青山桥镇三富村的矿泉水已开发。韶山大坪、湘乡东山矿泉水均亦开发。下面介绍湘潭县石鼓镇白沙井村、湘乡东山两处矿泉水地质及水质化学特征。

7.5.1　湘潭县白沙井矿泉水

1）矿泉水源产地水文地质特征

白沙井天然矿泉水水源地位于湖南省湘潭县石鼓镇白沙井村。

该泉产自于遍布花岗岩岩体的含水层中，产出构造条件受构造裂隙控制，是一处典型的深循环构造裂隙水。而花岗岩含有丰富的长石、石英、云母、角闪石和绿泥石等，经取样分析证实，这些矿物含有大量的 SiO_2 和 Sr、Zn、Li 等微量元素及特殊组分，这些为矿泉水的形成提供了丰富的物质来源。

该泉水出露在北北东向断裂以西，近东西向断裂北部，该地区节理裂隙发育，为矿泉水提供了深部循环的主要通道和储存空间。

2）矿泉水源产地水质化学特征

该泉水无色、无臭、无肉眼可见物，久放无沉淀，清澈透明；水温为19℃，属冷泉水；水中阳离子主要为 Ca^{2+} 17.19 mg/L，Na^+ 8.26 mg/L，其次为 Mg^{2+} 2.38 mg/L。阴离水主要为 HCO_3^- 97.60 mg/L，其次为 Cl^- 6.09 mg/L；pH 为 6.5～7.0，属中性水；溶解性总固体浓度为150.1～165.4 mg/L，属低矿化度的淡水；总硬度（以碳酸钙计）32.2～52.7 mg/L，属软水；水化学类型为 HCO_3 – Na + Ca 型，是一种低钠、低矿化偏硅酸矿泉水；含氡、锌、锶、锂等。各项指标见表7－25。

表 7 – 25　白沙井矿泉水各项指标检测结果表　　　　　单位：mg/L

	项目	国家标准	测定值		项目	国家标准	测定值
界限指标	H_2SiO_3	≥25.0	62.38	限量指标	Cu	<1.0	<0.05
	Sr	≥0.20	<0.02		Cd	<0.003	<0.001
	Li	≥0.20	<0.02		Cr	<0.05	<0.01
	Zn	≥0.20	<0.02		Pb	<0.01	<0.01
	Se	≥0.01	<0.002		Hg	<0.001	<0.0001
	游离 CO_2	≥250	23.32		Ag	<0.05	<0.005
	溶解性总固体	≥1000	165.4		As	<0.01	<0.01
污染指标	CN^-	<0.010	<0.002		Se	<0.05	<0.002
	NO_2	<0.1	<0.002		Ba	<0.7	0.09
	挥发酚	<0.002	0.212		B	<5	<0.01
	总 β	<1.50 Bq/L			F^-	<1.5	0.20
微生物	细菌总数	5 cfu/mL	<2		NO_3^-	<45	0.04
	大肠杆菌	0 个/100 mL	未检出		耗氧量	<2.0	1.87
					^{226}Ra	<1.1 Bq/L	0.022

注：同表 7 – 1。

7.5.2　湘乡市东山矿泉水

1）矿泉水源产地水文地质特征

东山矿泉位于湘乡市区以南 3 km，东山乡双泉村。

东依陡峭的东谷山山脉，北临丘岗起伏的湘乡盆地，涟水河从泉区之北西缓缓东流。地势南东高峻，北西低缓。最高海拔 323 m，涟水河谷最低标高 42 m，相对高差 281 m，泉井标高 75 m。

矿泉区地貌形态：剥蚀构造分布于东南侧，由断层硅化破碎带及板溪群浅变质岩构成的高丘陵地貌。侵蚀剥蚀分布于中部地区，由白垩系及第三系红层构成的低丘岗地。侵蚀堆积分布于北部及西部涟水河两岸，为河流堆积阶地台地区。

地层较简单，自新至老有第四系、新近系、白垩—第三系、元古界板溪群。

构造位于由歇马花岗岩岩体和紫云山花岗岩岩体及板溪群组成的南北向复式背斜与由白垩系—新近系组成的北东向构造盆地的复合部位。区内主要断裂构造有东台山断层、仙女亭断层和泉井坳断层。

2）矿泉水源产地水质化学特征

该泉水无色，无臭，微甜，水温为 22.8℃，属冷泉；水中阳离子主要为

Ca^{2+} 6.82 mg/L，Mg^{2+} 3.64 mg/L，其次为 Na^+ 2.97 mg/L，K^+ 0.83 mg/L；阴离子主要为 HCO_3^- 21.05 mg/L，SO_4^{2-} 18.50 mg/L，其次为 Cl^- 0.53 mg/L；pH 为 6.63，属中性水；溶解性总固体浓度为 74.62 mg/L，属低矿化度的淡水；总硬度（以 $CaCO_3$ 计）为 32.00 mg/L，属软水，水化学类型为 $HCO_3 + SO_4 - Ca + Mg$ 型；它是一种含锌矿泉水，含偏硅酸、锂、硒等。各项指标见表 7-26。

表 7-26　东山矿泉水各项指标检测结果表　　　　单位：mg/L

	项目	国家标准	测定值		项目	国家标准	测定值
界限指标	H_2SiO_3	≥25.0	23.58	限量指标	Cu	<1.0	<0.05
	Sr	≥0.20	<0.02		Cd	<0.003	<0.001
	Li	≥0.20	<0.02		Cr	<0.05	<0.01
	Zn	≥0.20	0.48		Pb	<0.01	<0.01
	Se	≥0.01	<0.002		Hg	<0.001	<0.0001
	游离 CO_2	≥250	26.40		Ag	<0.05	<0.005
	溶解性总固体	≥1000	74.62		As	<0.01	<0.01
污染指标	CN^-	<0.010	<0.002		Se	<0.05	<0.002
	NO_2^-	<0.1	<0.002		Ba	<0.7	0.04
	挥发酚	<0.002	0.002		B	<5	0.04
	总 β	<1.50 Bq/L	0.211		F^-	<1.5	0.25
微生物	细菌总数	5 cfu/mL	2		NO_3^-	<45	1.93
	大肠杆菌	0 个/100 mL	未检出		耗氧量	<2.0	0.68
					^{226}Ra	<1.1 Bq/L	0.005

注：同表 7-1。

7.6　益阳矿泉水

益阳市位于湖南省中部偏北，资水下游。位于东经 110°43′02″—112°55′48″，北纬 27°58′38″—29°31′42″。全市辖 3 县（安化、桃江、南县），1 市（沅江），3 区（资阳、赫山、大通湖区）和益阳高新区。面积为 12168 km^2。益阳市区地处雪峰山隆起与洞庭湖凹陷交换处，山丘起伏和缓，地势西南高，东北低，湖区为洞庭湖冲积平原，资水自西南向东流进洞庭湖。

水系发育，主要河流有资水，50 多条河流分属资江、湘江和洞庭湖水系。

本区地层出露比较齐全，从元古界、下古生界、上古生界（二叠系除外）、白垩系、古近系、新近系到第四系都有。岩浆岩有桃江、沧水铺花岗岩体、赫山石咀塘玄武岩体。

地质构造位于新华夏系第二沉降带的沅江—邵阳拗褶带北部洞庭湖盆地平原中部。

长 40 km，宽 30 km 的益阳—桃江是湖南省著名的矿泉水带，它处于雪峰山的弦形构造北段，北东向和东西向交汇处断裂构造带，构造发育，赫山区北靠资江，西边从南站到金银山，东边团洲坑到梓山一带，面积为 17 km²，分布 150 余口钻井，每口井几乎都含偏硅酸。资江北岸的资阳区尚未发现有矿泉水。但南岸的赫山区黄泥湖乡、邓石桥、羊舞岭、新市渡、泥江口镇、沧水铺镇、樊家宙乡、岩子潭都发现有矿泉水，含偏硅酸，含量为 38.62~69.19 mg/L，大都产自板溪群、花岗岩或细碧玄武岩破碎裂隙中。

桃江地处雪峰山余脉向洞庭湖平原过渡地带，属低山丘陵地形，西南、西北地势较高，东北面较为低平，桃江矿泉水主要分布在资江南岸、桃花江两岸、桃花江镇、洪桥头、双江、石牛江镇、高桥乡、马迹塘镇，偏硅酸含量为 32.48~118.55mg/L，各自产于细碧玄武岩、花岗岩、板岩裂隙中。下面着重叙述赫山区泉水的赋存状态及水质特征。

益阳市赫山区矿泉水分布于桃花仑、金井坡地区，变基性火成岩是赫山区所有矿泉水之母体岩。

地质年代为中元古代中期，岩性为变玄武质科马提岩 - 拉斑玄武岩夹少量变质砂岩，基性岩浆岩为细碧玄武岩。

矿泉水出露于资江南岸，呈北东宽，南西窄的楔形展布，赋存于冷家溪群第三岩组下部，呈海底喷发特征，出露面积为 17 km²。

冷家溪群组云母板岩及砂质板岩，总厚度大于 1000 m，分布于火山岩区东南部，厚度较大，具枕状构造。分布于火山岩区西北部，厚度较小。岩石基性程度较高，其枕状构造发现在石嘴塘一带。

赫山矿泉水岩石化学特性：岩石成分显示基性特性

（1）SiO_2 含量为 49% ~51%，Al_2O_3 含量为 1% ~13%

（2）TiO_2 含量为 0.5% ~0.8%，$K_2O + Na_2O$ 含量为 1.5% ~2%

（3）MgO 含量变化大，大多少于 9%，少数大于 9%，个别达 20.96%。

表 7 – 27   赫山矿泉水水源地玄武岩化学成分   （%）

SiO$_2$	TiO$_2$	Al$_2$O$_3$	Fe$_2$O$_3$	FeO	MnO	MgO	CaO	Na$_2$O	K$_2$O	P$_2$O$_5$	合计
51.41	0.81	13.69	2.16	9.04	0.18	5.98	9.6	1.59	0.45	0.13	95.04

7.6.1   桃花液泉水源产地水质化学特征

该泉水无色，无臭，无味，水温为 19℃ ，属冷泉；水中阳离子主要为 Mg^{2+} 13.72 mg/L，Ca^{2+} 14.99 mg/L，其次为 Na$^+$ 4.90 mg/L，K$^+$ 0.66 mg/L；阴离子主要为 HCO$_3^-$ 120.76 mg/L，其次为 SO$_4^{2-}$ 3.12 mg/L，Cl$^-$ 2.45 mg/L；含偏硅酸 77.29 mg/L；pH 为 7.27，属中性水；溶解性总固体浓度为 224.04 mg/L，属淡水；总硬度为 93.85 mg/L，属软水，水化学类型为 HCO$_3$ – Mg + Ca 型；是一种低矿化度的偏硅酸矿泉水；含锶、锂、锌、硒等。各项指标见表 7 – 28。

表 7 – 28   桃花液矿泉水各项指标检测结果表   单位：mg/L

	项目	国家标准	测定值	项目	国家标准	测定值
界限指标	H$_2$SiO$_3$	≥25.0	77.29	Cu	<1.0	<0.05
	Sr	≥0.20	<0.02	Cd	<0.003	<0.001
	Li	≥0.20	<0.02	Cr	<0.05	<0.01
	Zn	≥0.20	0.05	Pb	<0.01	<0.01
	Se	≥0.01	<0.002	Hg	<0.001	<0.0001
	游离 CO$_2$	≥250	11.00	Ag	<0.05	<0.005
	溶解性总固体	≥1000	224.04	As	<0.01	<0.01
污染指标	CN$^-$	<0.010	<0.002	Se	<0.05	<0.002
	NO$_2^-$	<0.1	<0.002	Ba	<0.7	
	挥发酚	<0.002	0.002	B	<5	
	总 β	<1.50 Bq/L		F$^-$	<1.5	0.15
微生物	细菌总数	5 cfu/mL		NO$_3^-$	<45	3.60
	大肠杆菌	0 个/100 mL		耗氧量	<2.0	0.38
				^{226}Ra	<1.1 Bq/L	

注：同表 7 – 1。

7.6.2 金秀矿泉水源产地水质化学特征

该泉水无色，无臭，无味，水温为 19℃，属冷泉；水中阳离子主要为 Ca^{2+} 40.51 mg/L，Mg^{2+} 19.38 mg/L，其次为 Na^+ 6.75 mg/L，K^+ 0.33 mg/L；阴离子主要为 HCO_3^- 194.74 mg/L，其次为 SO_4^{2-} 16.80 mg/L，Cl^- 15.17 mg/L；含偏硅酸 51.22 mg/L；pH 为 7.3，属中性水；溶解性总固体浓度为 340.68 mg/L，属淡水；总硬度为 180.85 mg/L，属软水，水化学类型为 HCO_3 – $Ca + Mg$ 型；是一种低矿化度的偏硅酸矿泉水；含锶、锂、锌、硒等。各项指标见表 7 – 29。

表 7 – 29　金秀矿泉水各项指标检测结果表　　　　单位：mg/L

	项目	国家标准	测定值		项目	国家标准	测定值
界限指标	H_2SiO_3	≥25.0	51.22	限量指标	Cu	<1.0	<0.05
	Sr	≥0.20	<0.02		Cd	<0.003	<0.001
	Li	≥0.20	<0.02		Cr	<0.05	<0.01
	Zn	≥0.20	<0.05		Pb	<0.01	<0.01
	Se	≥0.01	<0.002		Hg	<0.001	<0.0001
	游离 CO_2	≥250	15.40		Ag	<0.05	<0.005
	溶解性总固体	≥1000	340.68		As	<0.01	<0.01
污染指标	CN^-	<0.010	<0.002		Se	<0.05	<0.002
	NO_2^-	<0.1	0.002		Ba	<0.7	
	挥发酚	<0.002	<0.002		B	<5	
	总 β	<1.50 Bq/L			F^-	<1.5	0.10
微生物	细菌总数	5 cfu/mL			NO_3^-	<45	6.80
	大肠杆菌	0 个/100 mL			耗氧量	<2.0	1.13
					^{226}Ra	<1.1 Bq/L	

注：同表 7 – 1。

7.6.3 日和天然矿泉水源产地水质化学特征

该泉水偏硅酸含量为 61.62 mg/L，Ca^{2+} 含量为 15.90 mg/L，Mg^{2+} 含量为 8.90 mg/L；HCO_3^- 含量为 103.56 mg/L，占阴离子总量的 94.28%，为 HCO_3 – $Ca + Mg$ 型水，pH 为 6.96，溶解性总固体浓度为 186.6 mg/L，总硬度为 76.25 mg/L。各项指标见表 7 – 30。

表 7-30　日和矿泉水各项指标检测结果表　　　　　单位: mg/L

	项目	国家标准	测定值	项目	国家标准	测定值
界限指标	H_2SiO_3	≥25.0	61.62	Cu	<1.0	<0.05
	Sr	≥0.20	<0.02	Cd	<0.003	<0.001
	Li	≥0.20	<0.02	Cr	<0.05	<0.01
	Zn	≥0.20	<0.05	Pb	<0.01	<0.01
	Se	≥0.01	<0.002	Hg	<0.001	<0.0001
	游离 CO_2	≥250	22.0	Ag	<0.05	<0.005
	溶解性总固体	≥1000	186.6	As	<0.01	<0.01
污染指标	CN^-	<0.010	<0.002	Se	<0.05	<0.002
	NO_2^-	<0.1	<0.002	Ba	<0.7	
	挥发酚	<0.002	<0.002	B	<5	<0.01
	总 β	<1.50 Bq/L		F^-	<1.5	0.15
微生物	细菌总数	5 cfu/mL	<5	NO_3^-	<45	0.48
	大肠杆菌	0 个/100 mL	0	耗氧量	<2.0	0.46
				^{226}Ra	<1.1 Bq/L	0.014

注: 同表 7-1。

7.7　常德矿泉水

　　常德市位于湖南省西北部, 东滨洞庭, 南通益阳、长沙, 西连川黔, 北邻鄂西, 史称"黔川咽喉、云贵门户"。全市总面积为 1.82 万 km^2, 现辖武陵区、鼎城区、安乡县、汉寿县、桃源县、临澧县、石门县、澧县, 共 6 县 2 区, 代管县级市津市市。

　　常德地处长江中游洞庭湖水系、沅江下游和澧水中下游以及武陵山脉、雪峰山脉东北端。常德市东据西洞庭湖, 与益阳市的南县、沅江市湖汊交错; 西倚湘西山地, 与蜿蜒在张家界市慈利县、永定区及怀化市沅陵县的武陵山脉相承; 北枕鄂西山地和江汉平原, 与湖北恩施土家族苗族自治州鹤峰县、宜昌市五峰县的山地以及荆州市松滋市、公安县、石首市的平原相连; 南抵资水流域,与益阳市资阳区、桃江县、安化县接壤。市境东西极宽 172.4 km，南北极长190.8 km。

水系发育，北有澧水、南有沅水水系、沅水上有 10 多条支流。

境内处于洞庭湖边缘、冲湖积平原覆盖着第四系河潮沉积地层及残积坡积层。

地层出露比较齐全，从元古界冷家溪板溪群、震旦系、寒武系、白垩系、古近系、新近系到第四系。下古生界及中生界发育最齐全。

区域构造位于新华夏系第三隆起带的桑植—石门新华夏系褶断带，汉寿县鹤家桥弧形构造带，石门—华容东西向褶断带等多元构造。临澧、津市、桃源、澧县、石门数处都有含锶矿泉水出现。

境内有两条重要的大断裂，即常德—周家店断裂和澧水断裂。

洞庭湖盆地平原的安乡、汉寿尚未发现有矿泉水。

在鼎城区南坪、柳叶湖、镇德桥、石公桥、周家店等地有 10 处都赋存着含偏硅酸的矿泉水。下面介绍几处矿泉水。

7.7.1 常德市石公桥天然矿泉水

1) 矿泉水源产地水文地质特征

常德市石公桥天然矿泉水水源位于常德市城北 30 km 处的石公桥镇。本区为低山丘陵地形，地势西南高、东边低，其中太阳山海拔最高为 561 m，东部冲天湖水面海拔最低为 27.4 m。区内水系发育，北有南河自西流入冲天湖，南有两条小河亦自南注入冲天湖。此外尚有小型水塘零星分布，但水量均不大。

区内地层从老到新有元古界冷家溪群、板溪群、下古生界震旦系、新生界古近系、第四系。以第四系最为发育。赋存于第四系上更新统松散岩类孔隙含水层，是一典型的深循环裂隙水。

该泉受北北东向常德—周家店大断裂的控制，埋藏在北北东向的断裂以东。该地区低序次的断裂构造裂隙发育，因而给矿泉水提供了深部循环的主要通道和赋存空间。由于地下水处于较高的温度和压力环境，促进了水对硅酸岩石的溶解。

该矿泉水是在独特的水文地质和地球化学环境下的产物。大气降水渗入地下后，部分在浅部径流、排泄，形成浅部循环，为一般普通的地下水；部分沿断裂带及构造裂隙向深部径流运移，形成深循环地下水。深循环地下水在循环过程中，将岩石中含有的大量硅酸岩溶解析出 SiO_2 离子于水中，经过迁移和深循环后，沿断裂带及构造裂隙形成本区含偏硅酸的矿泉水。

2) 矿泉水源产地水质化学特征

该泉水无色，无臭，无肉眼可见物，清澈透明、口感清爽甘甜。水温为19℃，属冷泉；水主要阳离子为 Ca^{2+} 23.31 mg/L，其次为 Na^+ 1.39 mg/L，阴离子中主要为 HCO_3^- 132.71 mg/L，其次为 SO_4^{2-} 6.44 mg/L；水中偏硅酸浓度为49.22 mg/L，水化学类型为 $HCO_3 - Ca + Na$ 型；pH 为7.1，属中性水；溶解性总固体浓度为235 mg/L，总硬度为92.25 ~ 110.50 mg/L；含锶、溴、锌、硒等。各项指标见表7 - 31。

表7 - 31　石公桥矿泉水各项指标检测结果表　　　　单位：mg/L

	项目	国家标准	测定值	项目	国家标准	测定值
界限指标	H_2SiO_3	≥25.0	49.22	Cu	<1.0	0.02
	Sr	≥0.20	<0.02	Cd	<0.003	<0.001
	Li	≥0.20	<0.02	Cr	<0.05	<0.01
	Zn	≥0.20	<0.05	Pb	<0.01	<0.01
	Se	≥0.01	<0.002	Hg	<0.001	<0.0001
	游离 CO_2	≥250	10.12	Ag	<0.05	<0.005
	溶解性总固体	≥1000	235	As	<0.01	<0.01
污染指标	CN^-	<0.010	<0.002	Se	<0.05	<0.002
	NO_2^-	<0.1	0.004	Ba	<0.7	<0.02
	挥发酚	<0.002	<0.002	B	<5	0.5
	总β	<1.50Bq/L	0.165	F^-	<1.5	0.14
微生物	细菌总数	5 cfu/mL	1	NO_3^-	<45	1.05
	大肠杆菌	0 个/100 mL	0	耗氧量	<2.0	1.01
				^{226}Ra	<1.1 Bq/L	0.025

注：同表7 - 1。

7.7.2　常德市花山天然矿泉水

1）矿泉水源产地水文地质特征

花山矿泉水位于南坪乡，包括花1和花2两处矿泉点，花1位于常德北部4 km柳叶湖畔，属南坪乡戴家岗村。花2位于常德北部8 km，属南坪乡花山村。

花山矿泉水位于太阳山古隆起南部倾没端(花2)和隆起边缘地带(花1)。花2产自震旦系上统灯影组薄层硅质炭夹黑色炭质页岩中,受北西断层控制;花1来自地下深部古近系桃源组和白垩系上统分水坳组地层中,通过北北东向德山—柳叶湖断层向浅部运移,故产自第四系底部砾石层中。

2)矿泉水源产地水质化学特征

该泉水无色,透明,无异味。主要离子浓度为 K^+ 1.58 mg/L, Na^+ 1.48 mg/L, Ca^{2+} 23.83 mg/L, Mg^{2+} 13.38 mg/L, Cl^- 2.07 mg/L, SO_4^{2-} 13.20 mg/L, HCO_3^- 132.43 mg/L,水化学类型为 $HCO_3 - Ca + Mg$ 型,pH 为6.86,溶解性总固体浓度为211.05 mg/L,总硬度为114.5 mg/L,含锶、溴、碘、锌等。各项指标见表7-32。

表7-32 花山矿泉水各项指标检测结果表   单位:mg/L

	项目	国家标准	测定值		项目	国家标准	测定值
界限指标	H_2SiO_3	≥25.0	26.33	限量指标	Cu	<1.0	<0.01
	Sr	≥0.20	0.040		Cd	<0.003	<0.001
	Li	≥0.20	<0.02		Cr	<0.05	<0.01
	Zn	≥0.20	0.100		Pb	<0.01	<0.01
	Se	≥0.01	<0.002		Hg	<0.001	<0.0001
	游离 CO_2	≥250	30.00		Ag	<0.05	<0.005
	溶解性总固体	≥1000	211.05		As	<0.01	<0.01
污染指标	CN^-	<0.010	<0.002		Se	<0.05	<0.002
	NO_2^-	<0.1	<0.002		Ba	<0.7	
	挥发酚	<0.002	<0.002		B	<5	0.035
	总β	<1.50 Bq/L			F^-	<1.5	0.14
微生物	细菌总数	5 cfu/mL			NO_3^-	<45	2.4
	大肠杆菌	0 个/100 mL			耗氧量	<2.0	2.75
					^{226}Ra	<1.1 Bq/L	5

注:同表7-1。

7.7.3 桃源县热市天然矿泉水

1)矿泉水源产地水文地质特征

热市矿泉水位于桃源县热市乡温泉村,是一处低温天然热矿泉。它由多处矿泉组成,地处长沙至武陵源公路旁热水河边。

该泉出露于奥陶系地层中,来源于 2500 m 的地下深处,水流量为 663 m³/d,水温为 36~47℃,为一大型矿泉水水源地。该泉水量之大、水温之高、水质之好,实属国内少见。

该泉水出露于峰脊洼地貌单元的峡谷,峡谷呈"V"形,西北倚桃北大山,东南靠云盘山,山上怪石林立,石间杉树满坡,郁郁葱葱绵绵数十里。该矿泉具有悠久的历史,为全省名泉之一。

2)矿泉水源产地水质化学特征

该泉水无色,透明,有气泡溢出,水无异味,不含硫和硫化物。主要离子浓度为 K^+ 3.08 mg/L, Na^+ 0.92 mg/L, Ca^{2+} 59.5 mg/L, Mg^{2+} 10.8 mg/L,水化学类型为 HCO_3 – Ca 型,pH 为 7.0~7.1,溶解性总固体浓度为 235~257 mg/L,总硬度为 10.33~12.76 mg/L,含溴、碘、硼、锌等。各项指标见表7-33。

表7-33 热市矿泉水各项指标检测结果表 单位:mg/L

	项目	国家标准	测定值		项目	国家标准	测定值
界限指标	H_2SiO_3	≥25.0	45.0	限量指标	Cu	<1.0	<0.01
	Sr	≥0.20	0.06		Cd	<0.003	<0.001
	Li	≥0.20	<0.02		Cr	<0.05	<0.01
	Zn	≥0.20	0.100		Pb	<0.01	<0.01
	Se	≥0.01	<0.002		Hg	<0.001	<0.0001
	游离 CO_2	≥250	17.52		Ag	<0.05	<0.005
	溶解性总固体	≥1000	235		As	<0.01	<0.01
污染指标	CN^-	<0.010	<0.002		Se	<0.05	<0.002
	NO_2^-	<0.1	0.002		Ba	<0.7	
	挥发酚	<0.002	<0.002		B	<5	0.035
	总β	<1.50 Bq/L			F^-	<1.5	<0.01
微生物	细菌总数	5 cfu/mL			NO_3^-	<45	0.04
	大肠杆菌	0 个/100 mL			耗氧量	<2.0	1.43
					^{226}Ra	<1.1 Bq/L	

注:同表7-1。

7.7.4 临澧县停弦渡山洲天然矿泉水

1）矿泉水源产地水文地质特征

山洲矿泉水水源地位于湖南省临澧县停弦渡镇山洲村，铜山东北坡脚，澧水南岸，距临澧县城北西 22 km 处。该地矿泉露头有多处，呈线状展布，其中以山洲泉水量大，水质较佳。

本区为低山丘陵地形，地势西南高，东北低。西部及西南部山脉呈条带状分布，延伸与岩层走向一致，地形坡度在 25°以上；北东部为丘陵地形，地貌呈馒头状或小山包丘岗垄地，地形坡度在 5°～15°。此带属澧水河的二（三）级侵蚀基座阶段，地面生长多为松林及灌木林。区内第四系广布，岩性为灰色、棕黄色黏土、亚黏土，含砾黏土或黏土质卵石层；其他地层有·白垩系，为杂色砾岩夹棕红色含砾砂岩或块状砂岩透镜体；三叠系，为灰色厚层状粉晶灰岩，夹白云岩及灰－青灰色薄层状粉晶至泥晶灰岩，夹少量中层状灰岩；二叠系，为灰色厚层状灰岩及黑色碳质页岩、碳质砂岩夹薄煤层；泥盆系，为浅灰色－米黄色中厚层状石英砂岩。该矿泉水出露处基岩为白垩系及三叠系，地表被第四系覆盖。

山洲矿泉水出露在澧水深大断裂以南，该地区低序次的断裂构造裂隙发育，岩石的完整性受到很大的破坏，为岩溶发育提供了有利条件，也为矿泉水提供了深部循环的主要通道和贮存空间，是一处典型的深循环的岩溶裂隙水。

该矿泉（1 号泉）为常年性上升泉水，呈多股自砂卵石中冒出，出露（溢水口）地面标高 44.8 m，泉水自流稳定流量为 1330.56 m^3/d。村民称此泉为千年古泉，泉水四季不干，冬暖夏凉。冬季早晨，在泉水口可看到热气腾腾的景观，泉水流量可供全村 2500 余人生活饮用及灌溉农田，该矿泉水自有记载以来就年复一年，日夜不停地涌出地表，淌入澧水。

2）矿泉水源产地水质化学特征

该泉水无色，无臭，无肉眼可见物，水温为 22～22.5℃，属冷泉；水中阳离子主要为 Ca^{2+} 54.356 mg/L，其次为 Mg^{2+} 7.15 mg/L，K^+ 1.16 mg/L，Na^+ 3.42 mg/L；水中阴离子主要为 HCO_3^- 187.27 mg/L，其次为 SO_4^{2-} 16.48 mg/L，Cl^- 3.80 mg/L；水中含锶 0.239～0.29 mg/L，平均为 0.26 mg/L；pH 为 6.8～7.95，属弱碱性水；溶解性总固体浓度为 277.2～284.9 mg/L，属低矿化度的淡水；总硬度为 152.96～159.41 mg/L，属软水，水化学类型为 HCO_3－Ca型，是一种典型的低钠、锶矿泉水；含偏硅酸、锂、锌、硒等。各项指标见表 7－34。

表7-34 山洲矿泉水各项指标检测结果表 单位：mg/L

	项目	国家标准	测定值		项目	国家标准	测定值
界限指标	H_2SiO_3	≥25.0	13.36	限量指标	Cu	<1.0	<0.01
	Sr	≥0.20	0.26		Cd	<0.003	<0.001
	Li	≥0.20	<0.02		Cr	<0.05	<0.01
	Zn	≥0.20	0.100		Pb	<0.01	<0.01
	Se	≥0.01	0.006		Hg	<0.001	<0.0001
	游离 CO_2	≥250	17.15		Ag	<0.05	<0.005
	溶解性总固体	≥1000	284.9		As	<0.01	0.01
污染指标	CN^-	<0.010	<0.002		Se	<0.05	0.006
	NO_2^-	<0.1	<0.002		Ba	<0.7	0.15
	挥发酚	<0.002	<0.002		B	<5	0.035
	总β	<1.50 Bq/L	0.084		F^-	<1.5	0.20
微生物	细菌总数	5 cfu/mL	0		NO_3^-	<45	3.60
	大肠杆菌	0 个/100 mL	0		耗氧量	<2.0	0.73
					^{226}Ra	<1.1 Bq/L	0.015

注：同表7-1。

7.7.5 临澧县烽火乡白龙泉天然矿泉水

1）矿泉水源产地水文地质特征

白龙泉天然矿泉位于湖南省临澧县县城之东15 km处，属临澧县烽火乡管辖，矿泉出露点位于白龙泉村附近。

白龙泉矿泉从地质单元上处于湖南省东部太阳山—白云山—烽火山复式褶皱构造之内，是丘陵区主体骨架。区内有元古界、古生界等地层出露。区域内主要发育两组断裂构造，其一为走向北北东的断裂构造，其二为北西西向的断裂构造，这两组断裂构造与褶皱构造形成有伴生关系，经多次构造运动影响都发生过相应的继承活动，产生次一级、更次一级的断裂，使得褶皱构造内部岩层进一步被切断，形成菱形网络。

白龙泉矿泉在地质构造位置上处于湖南省东部太阳山—白云山—烽火山复式倾覆背斜构造东北端部，背斜内北北东向断层、北西向断层发育，受多次构造运动作用、断裂多期活动影响,并具有明显的继承性,由于断裂多期活动已使震旦系岩层碎裂化或网络化。主干断裂带挤压剪切特征,多形成糜棱岩化、断层泥及构造透镜体,成为制约水文地质条件的阻水界面,因此两组主干断裂带的交汇复合部位形成局部的构造溢出泉,白龙泉矿泉即是这种特定的地质构造条件下形成的矿泉出露点。

根据岩层化学分析结果,含水透水岩层均具有较高含量的二氧化硅、锶、硒等有益化学组分和元素,岩层内硒的含量可达 0.27 mg/g,加上构造作用等的影响,岩层被进一步挤压剪切破碎,更促进了其迁移活动的性能,对地下水有益化学组分的增加起到了积极的促进作用。由此可见矿泉水含有偏硅酸、锶、硒等有益化学组分和元素是有其特定的物质来源和水文地质条件的。

由于透水含水岩系是由砂岩、板岩、页岩质泥岩组成,这套岩组的渗透系数较低,处于挤压状态下的断裂带及其影响带的裂隙的渗透系数也相对较低,地下水的运移速度是相当缓慢的,这是矿泉水显著的水文地质特征。该矿泉水为基岩构造裂隙溢出泉。

2)矿泉水源产地水质化学特征

该泉水物理特性优良,具无异味、无臭、无色、透明、无悬浮物的特点,水温为 18℃,属冷泉;泉水含多种离子,溶解性总固体浓度较低,为 284 mg/L。水中阳离子 Ca^{2+} 含量最高只有 33.55 mg/L,阴离子含量最高的为 HCO_3^- 213.6 mg/L,其他阴离子不超过 4 mg/L。含多种微量元素,但无有害元素,其中锂(Li, 0.02 mg/L),锶(Sr, 0.121 mg/L),锌(Zn, 0.252 mg/L),硒(Se, 0.0193 mg/L),偏硅酸(H_2SiO_3, 37.7 mg/L)等。泉水属低矿化度含锶、硒、锌、锂、偏硅酸优质天然矿泉水。各项指标见表 7-35。

表 7 – 35　白龙泉矿泉水各项指标检测结果表　　　　单位: mg/L

	项目	国家标准	测定值	项目	国家标准	测定值
界限指标	H_2SiO_3	≥25.0	37.7	Cu	<1.0	<0.01
	Sr	≥0.20	0.121	Cd	<0.003	<0.001
	Li	≥0.20	0.02	Cr	<0.05	<0.01
	Zn	≥0.20	0.252	Pb	<0.01	<0.01
	Se	≥0.01	0.0193	Hg	<0.001	<0.0001
	游离 CO_2	≥250	11.00	Ag	<0.05	<0.005
	溶解性总固体	≥1000	284	As	<0.01	0.01
污染指标	CN^-	<0.010	<0.002	Se	<0.05	0.0193
	NO_2^-	<0.1	<0.002	Ba	<0.7	0.01
	挥发酚	<0.002	<0.002	B	<5	0.127
	总 β	<1.50 Bq/L	0.016	F^-	<1.5	0.10
微生物	细菌总数	5 cfu/mL	<5	NO_3^-	<45	0.31
	大肠杆菌	0 个/100 mL	0	耗氧量	<2.0	0.24
				^{226}Ra	<1.1 Bq/L	0.039

注: 同表 7 – 1。

7.8　邵阳矿泉水

　　邵阳位于湖南省西南部,东与衡阳市为邻,南与永州市和广西壮族自治区桂林地区接壤,西与怀化地区交界,北与娄底地区毗连,位于北纬 25°58'—27°40',东经 109°49'—112°57',总面积为 20876 km²,现辖邵东、新邵、洞口、隆回、绥宁、城步、新宁、邵阳 8 县和武冈市及大祥、双清、北塔 3 区。

　　邵阳位于南岭山脉、雪峰山脉与云贵高原余脉交汇地带。山地、丘陵、岗地、平地、平原各类地貌兼有,大体是"七分山地两分田,一分水、路和庄园"。

　　邵阳市境内溪河密布,有 5 km 以上的大小河流 595 条,分属资江、沅江、湘江与西江四大水系,主要是资江水系。资江干流两源逶迤,支派纵横,自西南向东北呈"Y"字形流贯全境,流域面积遍及市辖 9 县 3 区。巫水源出城步,横贯绥宁,西入沅江,为境内西南部的主要水道。资江及其支流邵水流经市区,把市区一分为三,因此后来划分为三个区。

地层出露十分齐全,从元古界冷家溪、板溪群、寒武系、震旦系至第四系全有。岩浆岩有紫云山、凉风界、瓦屋塘、大云山、毛荷殿、麻林花岗岩等岩体。

境内著名的活动性断裂有两条,即新化—武冈—城步断裂和公田—新宁断裂。

从新邵的巨口铺到绥宁瓦屋塘,长达 180 km,是一重要的矿泉水带。位于此带的隆回有数处矿泉水,正康、金凤山矿泉水已开发;洞口桐山乡黄湾村有 1 处矿泉水,水温为 37℃,含 H_2SiO_3 达 50 mg/L,亦含游离 CO_2;绥宁有 3 处,其中金屋塘镇 1 处矿泉水已开发。

武冈市文坪镇三水有 1 处。城步南山有一处含锌矿泉水,邵东县牛马司湾泥和石林桥各有 1 处矿泉水已全部开发。下面介绍两处矿泉水赋存及水质特征。

7.8.1 城步南山矿泉水

1)矿泉水源产地水文地质特征

城步南山矿泉水水源地处湘桂边陲的邵阳城步境内,它位于沅水的支流——巫水上游,南岭山脉与雪峰山脉交汇的越城岭北麓,南距桂林 198 km,北离邵阳 287 km,平均海拔 1760 m,为中高山区。

区内自然风光十分迷人,山上天然大草地延绵起伏,蔚为壮观。

区域地质条件优越。东部为花岗岩基,西部为上元古界板岩地层。有益元素丰度较高,有害元素丰度较低。基岩裂隙发育,风化淋溶作用较强,构成含锌矿泉水。

2)矿泉水源产地水质化学特征

该泉水无色,微甜,无肉眼可见物,水温为 20℃,属冷泉;水中阳离子主要为 Ca^{2+} 1.36 mg/L,其次为 Na^+ 1.26 mg/L,K^+ 0.42 mg/L,Mg^{2+} 0.33 mg/L;阴离子主要为 HCO_3^- 5.61 mg/L,其次为 NO_3^- 3.77 mg/L,Cl^- 0.53 mg/L;水中含锌 0.57 mg/L;pH 为 6.70,属中性水;总硬度为 4.75 mg/L,属软水,水化学类型为 HCO_3 – Ca 型;是一种典型的低钠、锌矿泉水;含偏硅酸、溴等。各项指标见表 7 – 36。

表 7-36 南山矿泉水各项指标检测结果表 单位：mg/L

	项目	国家标准	测定值		项目	国家标准	测定值
界限指标	H_2SiO_3	≥25.0	12.42	限量指标	Cu	<1.0	<0.01
	Sr	≥0.20	<0.02		Cd	<0.003	<0.001
	Li	≥0.20	<0.02		Cr	<0.05	<0.01
	Zn	≥0.20	0.57		Pb	<0.01	<0.01
	Se	≥0.01	0.002		Hg	<0.001	<0.0001
	游离 CO_2	≥250	2.20		Ag	<0.05	<0.005
	溶解性总固体	≥1000			As	<0.01	<0.01
污染指标	CN^-	<0.010	<0.002		Se	<0.05	0.002
	NO_2^-	<0.1	0.005		Ba	<0.7	0.01
	挥发酚	<0.002	<0.002		B	<5	0.05
	总 β	<1.50 Bq/L			F^-	<1.5	0.10
微生物	细菌总数	5 cfu/mL	<5		NO_3^-	<45	3.77
	大肠杆菌	0 个/100 mL	0		耗氧量	<2.0	0.65
					^{226}Ra	<1.1 Bq/L	

注：同表 7-1。

7.8.2 隆回县高平镇金凤山矿泉水

1）矿泉水源产地水文地质特征：

金凤山矿泉水位于隆回县的北面高平镇，出露于望云山南东侧印支期二长花岗岩的裂隙中，受南北向断裂控制。该断裂是北东向区域性压扭性断裂的次一级构造，区域性断裂规模较大，穿切地层多，构造形迹复杂，为矿泉水形成创造了条件。

2）矿泉水源产地水质化学特征

该泉水偏硅酸含量为 57.85 mg/L，Ca^{2+} 含量为 9.58 mg/L，Na^+ 含量为 8.53 mg/L；HCO_3^- 含量为 80.49 mg/L，占阴离子总量的 91.98%，水化学类型为 $HCO_3 - Ca + Na$ 型；pH 为 6.82，溶解性总固体浓度为 151.5 mg/L，总硬度为 32.85 mg/L，属软水。其他微量元素及界限测定值见表 7-37。

表7-37　金凤山矿泉水各项指标检测结果表　　　　单位：mg/L

	项目	国家标准	测定值		项目	国家标准	测定值
界限指标	H_2SiO_3	≥25.0	57.85	限量指标	Cu	<1.0	<0.01
	Sr	≥0.20	<0.02		Cd	<0.003	<0.001
	Li	≥0.20	<0.02		Cr	<0.05	<0.01
	Zn	≥0.20	0.244		Pb	<0.01	<0.01
	Se	≥0.01	0.002		Hg	<0.001	<0.0001
	游离 CO_2	≥250	25.3		Ag	<0.05	<0.005
	溶解性总固体	≥1000	151.5		As	<0.01	<0.01
污染指标	CN	<0.010	<0.002		Se	<0.05	0.002
	NO_2^-	<0.1	<0.005		Ba	<0.7	
	挥发酚	<0.002	<0.002		B	<5	0.92
	总β	<1.50 Bq/L			F^-	<1.5	0.11
微生物	细菌总数	5 cfu/mL			NO_3^-	<45	1.40
	大肠杆菌	0 个/100 mL			耗氧量	<2.0	0.78
					^{226}Ra	<1.1 Bq/L	

注：同表7-1。

7.9　怀化矿泉水

怀化位于湖南省西部，南接广西(桂林、柳州)，西连贵州(铜仁、黔东南)，与湖南的邵阳、娄底、益阳、常德、张家界等市和湘西土家族苗族自治州接壤，地处巍峨挺拔的雪峰山脉和神奇秀丽的武陵山脉之间。总面积为27614 km^2，现辖12个县(市、区)和一个管委会，包括鹤城区、中方县、洪江市、沅陵县、辰溪县、溆浦县、会同县、麻阳苗族自治县、新晃侗族自治县、芷江侗族自治县、靖州苗族侗族自治县、通道侗族自治县和洪江区管委会。

水系主要是沅水及其众多的支流西水、辰水、溆水、舞水、渠水等。

地层出露从老至新都有，新晃、洪江、会同板溪群广布；靖州东部和通道以震旦系为主，芷江白垩系广泛分布。溆浦有板溪群、白垩系，鹤城区鸭嘴岩有板溪群。岩浆岩有溆浦黄茅园、龙庄湾、洪江市铁山大椵3处花岗岩。

境内有长 100 km 以上的北北东或北东向断层数条：溆浦—洪江—靖县、溆浦—塘湾—陇城断裂带，有一条北东向的辰溪—怀化—新晃大断裂带，长达190 km。沿此断裂出现了 10 多处矿泉水，分布在新晃、芷江、洪江、中方、鹤城、溆浦等地。

靖州县城关发现有四处井有矿泉水，现已开发两处，是湘西主要的矿泉水矿田。

辰溪、沅陵、通道各有 1 处。麻阳矿泉水暂没发现。下面介绍几处矿泉水赋存及水质特征。

7.9.1 新晃县凉伞井天然矿泉水

1）矿泉水源产地水文地质特征

凉伞井矿泉水地处云贵高原苗岭余脉，武陵山脉延伸境内的新晃县凉伞乡北侧峡谷之间凉水井村。附近地势南部和东北部高，以山地为主，标高 700 m 左右，地形向西北倾斜，地下水和矿泉水的运移方向是由沟谷向西，与溪河水流方向一致。

区内地层主要有元古界、古生界等地层出现，板溪群马底驿组广泛分布于矿泉水点的北部及南部。西南部是震旦系上统灯影组、震旦系下统湖组、寒武系下统木昌组地层。

本区地质构造轮廓，横亘着一条北东东向伸延的将军坡—岑井坡—滚马坡山脉，是本区北东东向构造形迹突出地域。断裂构造主要发育有两组走向为北东东的断裂构造，这两组断裂构造与褶皱构造形成伴生关系，经过多次构造运动影响，都发生过相应的继承活动，产生次一级、更次一级的断裂，使断裂带内岩层破碎。凉伞井矿泉水在地质构造上位于该山脉倾覆背斜构造中部，即被板溪群包围的倾覆背斜部位，背斜一翼为震旦系地层。两组主干断裂带的交汇复合部位形成局部的构造溢出，凉伞井矿泉水即是这种特定的地质构造条件下形成的矿泉水出露点。该矿泉水为基岩构造裂隙溢出泉。

2）矿泉水源产地水质化学特征

该泉水无色无味，偏硅酸含量为 51.60 mg/L；水中阳离子 K^+ 含量为1.33 mg/L，Ca^{2+} 含量为 2.78 mg/L，Na^+ 含量为 92.73 mg/L，占阳离子总数的93.27%；阴离子中 HCO_3^- 含量为 150.61 mg/L，其次 CO_3^{2-} 含量为 38.94 mg/L；SO_4^{2-} 含量为 12.04 mg/L，Cl^- 含量为 4.13 mg/L，水化学类型为 $HCO_3 - Na$ 型；pH 为 8.84，属碱性矿泉水；溶解性总固体浓度为 346.89 mg/L，总硬度为12.65 mg/L。各项指标见表 7-38。

表 7 - 38　凉伞井矿泉水各指标检测结果表　　　　单位：mg/L

	项目	国家标准	测定值		项目	国家标准	测定值
界限指标	H_2SiO_3	≥25.0	51.60	限量指标	Cu	<1.0	<0.01
	Sr	≥0.20	0.04		Cd	<0.003	<0.001
	Li	≥0.20	0.25		Cr	<0.05	<0.01
	Zn	≥0.20	<0.05		Pb	<0.01	<0.01
	Se	≥0.01	<0.002		Hg	<0.001	<0.0001
	游离 CO_2	≥250	0.01		Ag	<0.05	<0.005
	溶解性总固体	≥1000	346.89		As	<0.01	<0.01
污染指标	CN^-	<0.010	<0.002		Se	<0.05	<0.002
	NO_2^-	<0.1	<0.005		Ba	<0.7	
	挥发酚	<0.002	<0.002		B	<5	4.05
	总 β	<1.50 Bq/L	0.123		F^-	<1.5	2.15
微生物	细菌总数	5 cfu/mL			NO_3^-	<45	0.40
	大肠杆菌	0 个/100 mL			耗氧量	<2.0	0.94
					^{226}Ra	<1.1 Bq/L	0.014

注：同表 7 - 1。

7.9.2　洪江市黔城乡月亮盘矿泉水

1）矿泉水源产地水文地质特征

月亮盘天然矿泉水位于湖南省洪江市黔城乡水源村红岩，洪江市西部黔城镇南部，为一天然地下水点，直接从砂砾质板岩的裂隙中流出，四季不干，口感甘甜清凉。

水源地地势总体南东高、北西和南西低，为由南东向北西倾斜的斜地，属低山丘陵地形。区内主要为剥蚀构造地貌，由板溪群上亚群拉缆组和震旦系下统江口组、南沱冰碛岩组组成，岩性为一套板岩、凝灰岩和砂岩，以构造作用为主，形成低山丘陵。

区内地质构造部位属于雪峰山早期华夏系褶断带，矿泉位于与土湾向斜西部毗邻的五里牌背斜中的 F1 断裂带。由于受强烈的构造应力作用，背斜核部和 F1 断裂带裂隙发育，这些张性裂隙为矿泉水的贮存、运输提供了有利条件。

区内地下水类型简单，除西北向分布小块岩溶水外，其他大面积均为基岩裂隙水。

砂质板岩、砂岩和板岩构成矿泉水的母岩，母岩中 SiO_2 含量高，砂质板岩 SiO_2 含量达 64.97%，为矿泉水的形成提供了丰富的物质基础。

2）矿泉水源产地水质化学特征

该矿泉水清澈透明，水温为 15℃，属冷泉；水化学类型为 $HCO_3 - Ca + Na$ 型；pH 为 6.46~7.30，属中性水；溶解性总固体浓度为 68.23~125.1 mg/L，属淡水；总硬度为 15.15~44.59 mg/L，属极软水。偏硅酸（H_2SiO_3）含量为 29.93~31.15 mg/L，平均为 30.58 mg/L，达到饮用天然矿泉水国家标准。此外还含有锶、锂、锌、硒、溴、碘、氡和游离 CO_2 等对人体健康有益的微量元素。各项指标见表 7-39。

表 7-39 月亮盘矿泉水各项指标检测结果表　　　　单位：mg/L

	项目	国家标准	测定值		项目	国家标准	测定值
界限指标	H_2SiO_3	≥25.0	30.58	限量指标	Cu	<1.0	<0.01
	Sr	≥0.20	0.053		Cd	<0.003	<0.001
	Li	≥0.20	0.04		Cr	<0.05	<0.01
	Zn	≥0.20	<0.05		Pb	<0.01	<0.01
	Se	≥0.01	<0.002		Hg	<0.001	<0.0001
	游离 CO_2	≥250	4.44		Ag	<0.05	<0.005
	溶解性总固体	≥1000	96.89		As	<0.01	<0.01
污染指标	CN^-	<0.010	<0.002		Se	<0.05	<0.002
	NO_2^-	<0.1	0.002		Ba	<0.7	
	挥发酚	<0.002	0.123		B	<5	<0.20
	总 β	<1.50 Bq/L			F^-	<1.5	2.15
微生物	细菌总数	5 cfu/mL			NO_3^-	<45	0.60
	大肠杆菌	0 个/100 mL			耗氧量	<2.0	1.34
					^{226}Ra	<1.1 Bq/L	0.014

注：同表 7-1。

7.9.3 靖州飞山不老泉矿泉水

1）矿泉水源产地水文地质特征

飞山不老泉矿泉水位于雪峰山南部和云贵高原东麓的靖州县城关渠阳镇渠阳中路。矿泉水田的标高为 399 m。附近地势北部和东北部高，位于北部的飞山高 720 m，东北部的大鸿岭高 1134 m，地形向西南倾斜，地下水和矿泉水的运移方向分别是由北向南和由东北向西南。本区地形地貌特征明显控制了本区地下水及矿泉水的补给、径流和排泄。

该矿泉水区域内地层出露比较简单，附近一带分布地层有下震旦系统江口组、中石炭统黄龙群以及第四系中更新统。

水源地内区域构造处于东西向断层与北西向断层交汇处，故各构造形迹发育，为矿泉水的出现提供了良好的环境。北部飞山向斜分布于上三叠统至下侏罗统的上部及中侏罗统泸阳组的下部，有厚约百余米的长石石英砂岩，在艮山口以南分布的下震旦统江口组下段也夹含砾的长石石英砂岩，经风化、水解，产生高岭土、碳酸盐和可溶性二氧化硅，这就是本区矿泉水含有很高含量的钾和偏硅酸的原因。

从本区地下水、矿泉水与地表水的关系来看，水源地广泛分布的 5 m 左右的黏土层，是矿泉水的良好保护层，使得矿泉水没有受到地表水和区域生活污水的污染。

2）矿泉水源产地水质化学特征

该泉水无色，无臭，无味，无肉眼可见物，水温为 19.5℃，属冷泉；水中阳离子主要为 Ca^{2+} 42.10 mg/L，其次为 K^+ 44.66 mg/L，Mg^{2+} 12.92 mg/L，Na^+ 22,85 mg/L；阴离子中主要为 HCO_3^- 218.11 mg/L，其次为 SO_4^{2-} 50.00 mg/L，Cl^- 15.17 mg/L；含偏硅酸 44.73 mg/L；pH 为 7.35，属中性水；溶解性总固体浓度为 452.49 mg/L，属淡水；总硬度为 158.2 mg/L，属软水；水化学类型为 $HCO_3 - Ca$ 型，是一种低矿化度的偏硅酸矿泉水；含锶、锂、锌、硒等。各项指标见表 7-40。

表7-40　飞山不老泉泉水各项指标检测结果表　　　单位：mg/L

	项目	国家标准	测定值		项目	国家标准	测定值
界限指标	H_2SiO_3	≥25.0	44.73	限量指标	Cu	<1.0	<0.01
	Sr	≥0.20	0.040		Cd	<0.003	<0.001
	Li	≥0.20	<0.02		Cr	<0.05	<0.01
	Zn	≥0.20	<0.05		Pb	<0.01	<0.01
	Se	≥0.01	<0.002		Hg	<0.001	<0.0001
	游离CO_2	≥250	33.0		Ag	<0.05	<0.005
	溶解性总固体	≥1000	452.49		As	<0.01	<0.01
污染指标	CN^-	<0.010	<0.002		Se	<0.05	<0.002
	NO_2^-	<0.1	0.004		Ba	<0.7	
	挥发酚	<0.002	<0.002		B	<5	0.51
	总β	<1.50 Bq/L			F^-	<1.5	0.09
微生物	细菌总数	5 cfu/mL			NO_3^-	<45	10.80
	大肠杆菌	0 个/100 mL			耗氧量	<2.0	0.99
					^{226}Ra	<1.1 Bq/L	

注：同表7-1。

7.10　永州矿泉水

永州旧称零陵，位于湖南省南部，南岭山脉北麓，秀丽的潇水和湘江汇合处，东连郴州，南界广东省清远市、广西壮族自治区贺州市，西接广西壮族自治区桂林市，北邻衡阳、邵阳两市。素有"锦绣潇湘"之称。地理坐标位于北纬24°39'至26°51'，东经111°06'至112°21'之间，南北相距最长245 km，东西相间最宽144 km，土地总面积为2.24万 km^2。永州下辖零陵区、冷水滩区两个市辖区及双牌县、祁阳县、东安县、道县、宁远县、新田县、蓝山县、江永县、江华瑶族自治县九个县。

其地势是西南部较高，东北及中部较低。由于五岭中的都庞岭、越城岭、萌渚岭屏障于西南，九嶷山、阳明山、四明山拦腰穿插于东西，使全区分成了南北两个盆地，即形成三山围夹两盆地，呈向东北倾斜的"山"字形地貌总轮廓。境内属中亚热带大陆性季风湿润气候区。既具温光丰富的大陆性季风气候的特点，又有雨量充沛、空气湿润的海洋性气候特征。全年平均气温为

17.6~18.6℃，无霜期年均 285~311 天。年降雨量 1290~1590 mm，南部六县有"天然大棚"之称。

水系主要有湘江、潇水、宁远河、冷江、白水、祁水、舂陵水、永明河、芦江、紫水、濂溪河、桃水、钟水、沱江、新田河等。

本地区以祁阳山字形构造为主体。在祁阳、永州间，由古代地层组成的短轴背斜及一系列弧形褶皱、断裂构成。弧形构造向西突出。向南构造线由北西向越过阳明山、紫荆山旋转构造后转为北北东向。还有华夏系江华—蓝山褶断带、茶陵—安仁—阳明山—都庞岭华夏褶断带。

永州市境内出露地层复杂，除元古界及志留系外其他新老地层都有。岩浆岩有著名的九嶷山、萌渚岭、阳明山、都庞岭花岗岩体。

构造复杂，断层、断裂带颇多，但矿泉水发现不多，仅在祁阳小金洞乡、宁远、道县各有 1 处，东安县舜皇山森林公园有 2 处。下面介绍 2 处矿泉水赋存及水质特征。

7.10.1 永州市富家桥镇楠木山矿泉水

1）矿泉水源产地水文地质特征

楠木山天然矿泉位于湖南省永州市富家桥镇何家坪村楠木山。

矿泉水水源地势南西部高，东北部低。南西部一般标高 150~180 m，东北部一般标高 120~140 m，矿泉水处附近标高约 128 m。

区内地貌为丘岗，按成因大致可分为剥蚀构造地貌、剥蚀溶蚀地貌和堆积地貌三类。

地表水系主要为潇水，流向大体由南向北，是本区大气降水和地下水的排泄通道。

区内出露的地层有泥盆系、石炭系、二叠系、白垩系和第四系。

楠木山矿泉从地质单元上位于祁阳山字形构造的南翼反射弧的南段，主要由北东向展布的背向斜和压性断裂组成，其次为新华夏系构造，主要表现为零星分布的红盆地。区内褶皱十分发育，多为紧闭线状褶皱。一般由上泥盆统组成背斜轴部；中上石炭统壶天群、下二叠统组成向斜轴部，褶皱多被断裂破坏。区内与褶皱轴向平行的压性断裂十分发育，并伴随有小规模的北西向张性断裂，F4 张性断裂呈北西—南东向延伸，长约 500 m，断层倾向北东，倾角为 49°。在断裂带上有泉水出露，矿泉水出露于 F4 断裂带的上盘。

区内地下水类型比较单一，仅分布红层裂隙孔隙水和碳酸盐岩裂隙溶洞水两个含水岩组，两者均含水贫乏。

区内地下水补给来源为大气降水。地下水由于地层岩性和构造的控制，大部分在地下经短时间浅部循环后,排泄于地表,区内绝大部分泉、井就是这样形成的;另一部分地下水沿 F2 断裂做深部循环, F2 断裂规模较大,地层错距在 750 m 以上,南北延伸长 5.5 km,为含水相对较丰富的充水断裂,经较长时间深循环的地下水在缓慢地运移过程中,逐渐向 F2 和 F4 断裂汇集,排泄于地表。

2)矿泉水源产地水质化学特征

楠木山矿泉水清澈透明,物理特性优良,具无异味、无臭、无色、无悬浮物的特点,水温为 19 ~ 20℃,属冷泉;水化学类型为 HCO_3 – Ca 型, pH 为 6.85 ~ 7.05,属中性水;溶解性总固体浓度为 612.2 ~ 628.1 mg/L,属低矿化水;总硬度为 325.5 ~ 351.5 mg/L,属软水;偏硅酸(H_2SiO_3)含量为 23.08 ~ 32.76 mg/L,锶 (Sr)含量为 1.564 ~ 1.892 mg/L,均符合饮用天然矿泉水国家标准。此外还含有铁、锌、硒、钼、锰、铜、钴等 10 余种对人体健康有益的微量元素。有害组分均在允许范围内,耗氧量为 1.25 ~ 1.35 mg/L,说明卫生没受到污染,钠(Na^+)含量为 12.8 ~ 13.1 mg/L,为低钠水,是一种受人们欢迎的低矿化度低钠的锶偏硅酸重碳酸钙型饮用天然矿泉水。各项指标见表 7 – 41。

表 7 – 41 楠木山矿泉水各项指标检测结果表   单位: mg/L

	项目	国家标准	测定值		项目	国家标准	测定值
界限指标	H_2SiO_3	≥25.0	28.08	限量指标	Cu	<1.0	<0.01
	Sr	≥0.20	1.892		Cd	<0.003	<0.001
	Li	≥0.20	0.054		Cr	<0.05	<0.01
	Zn	≥0.20	<0.05		Pb	<0.01	<0.01
	Se	≥0.01	<0.002		Hg	<0.001	0.0001
	游离 CO_2	≥250	44.21		Ag	<0.05	<0.005
	溶解性总固体	≥1000	624.1		As	<0.01	<0.01
污染指标	CN^-	<0.010	<0.002		Se	<0.05	<0.002
	NO_2^-	<0.1	0.002		Ba	<0.7	
	挥发酚	<0.002	<0.002		B	<5	<0.20
	总 β	<1.50 Bq/L			F^-	<1.5	0.53
微生物	细菌总数	5 cfu/mL			NO_3^-	<45	1.30
	大肠杆菌	0 个/100 mL			耗氧量	<2.0	1.25
					^{226}Ra	<1.1 Bq/L	

注:同表 7 – 1。

7.10.2　东安舜皇山天然矿泉水

1）矿泉水源产地水文地质特征

该矿泉水位于东安县西 26 km 的舜皇山森林公园东麓的大坳冲，属东安县大庙口镇舜皇山村。

该区系越域岭山脉，由花岗伟晶岩及少量的燕山早期花岗岩组成的中心丘陵区。制高点舜皇山标高 1882 m。山脉呈北北东向，局部地段狭窄而形成峭壁。泉水出露于山沟一侧断层岩下，标高 900 m 左右。

本区有第四纪残坡积层和年代不明的花岗伟晶岩、燕山早期花岗岩和奥陶系上统天马组出露。

本区有一条长达 20 km 近似南北向的大断裂，沿断层线上升泉有数处出露，流量一般为 0.2～0.5 L/s，该断层为一充水断层。舜皇山矿泉水受该断层和北西向断层联合控制，产于该断层下盘的裂隙中，在其两侧还分布了三处矿泉水点。泉水产于半风化的花岗岩中。舜皇山矿泉水是典型的深循环构造裂隙水。

2）矿泉水源产地水质化学特征

该泉水无色、无臭、无味，水中阳离子 Ca^{2+} 含量为 3.65 mg/L，Mg^{2+} 含量为 0.22 mg/L，K^+ 含量为 3.67 mg/L，Na^+ 含量为 4.93 mg/L；水中阴离子 HCO_3^- 含量为 19.86 mg/L，占阴离子总量的 75.12%，水化学类型为 HCO_3 – Na + Ca 型；pH 为 6.71，溶解性总固体浓度为 59.23 mg/L；总硬度为 10.20 mg/L；偏硅酸含量为 29.32 mg/L，是一种低矿化度低钠的偏硅酸矿泉水。各项指标见表 7 – 42。

表 7 - 42　舜皇山矿泉水各项指标检测结果表

单位：mg/L

	项目	国家标准	测定值		项目	国家标准	测定值
界限指标	H_2SiO_3	≥25.0	29.32	限量指标	Cu	<1.0	<0.01
	Sr	≥0.20	<0.02		Cd	<0.003	<0.001
	Li	≥0.20	<0.02		Cr	<0.05	<0.01
	Zn	≥0.20	<0.05		Pb	<0.01	<0.01
	Se	≥0.01	<0.002		Hg	<0.001	0.0001
	游离 CO_2	≥250	7.70		Ag	<0.05	<0.005
	溶解性总固体	≥1000	59.23		As	<0.01	0.01
污染指标	CN^-	<0.010	<0.002		Se	<0.05	<0.002
	NO_2^-	<0.1	0.002		Ba	<0.7	0.44
	挥发酚	<0.002	<0.002		B	<5	0.49
	总 β	<1.50 Bq/L			F^-	<1.5	0.50
微生物	细菌总数	5 cfu/mL			NO_3^-	<45	2.00
	大肠杆菌	0 个/100 mL			耗氧量	<2.0	0.53
					^{226}Ra	<1.1 Bq/L	

注：同表 7 - 1。

7.11　郴州矿泉水

郴州位于湖南省东南部，东界江西省赣州市，南邻广东省韶关市、清远市，西接永州市，北交衡阳市及株洲市。地理坐标为东经 112°13'—114°14'，北纬 24°53'—26°50'，面积为 19000 km²，下辖北湖区、苏仙区二区和桂阳县、永兴县、嘉禾县、宜章县、临武县、汝城县、桂东县、安仁县等八个县及资兴市。

郴州全市分属长江和珠江两大流域，三大水系，即赣江、湘江和北江水系。郴江、春陵水、西河、沤江、永乐江、东江汇入耒水，注入湘江；章溪水、田头水、武水、罗家水南入珠江。

郴州处于岭南山脉北麓，地貌复杂多样，以山地为主，山地、丘陵占70%以上，山势陡峻，超千米的高山有泗洲山、三姊妹、猛坑石、音塘、八面山等30余座。

地层出露比较齐全，除元古界冷家溪群、板溪群和志留系外，震旦系、寒武系、奥陶系、泥盆系、石炭系、二叠系、三叠系、侏罗系均有出露，且有一些地段上还覆盖着古近系、新近系、第四系。花岗岩体有九嶷山、骑田岭、莽山、渚广山等花岗岩体。

湘南毗邻南岭东西复杂构造带，北北东构造、北东构造、南北构造、东南向构造交织在一起，十分复杂。耒阳—临武南北构造、北西向大义山式构造最为醒目。该区以岭南山隆起带为主，构造形迹发育，组合复杂，以断裂构造为主干格架。大的断层有5组：茶陵—临武、茶陵（炎陵）—宜章、桂东—汝城、热水圩、瑶岗仙等。它们均呈北东或北北东向展布，规模大，延伸均在数百千米以上。

矿泉水分布情况：汝城有7处；宜章有7处；永兴有6处；临武和资兴各有2处；苏仙区、桂阳和桂东各有1处。嘉禾和安仁情况不详。下面介绍几处矿泉水赋存特征。

7.11.1　宜章县麦子桥矿泉水

1）矿泉水源产地水文地质特征

麦子桥天然矿泉位于湖南省宜章县县城以西1.5 km处，南与广东省毗邻。

区内地势北西高、南东低。北西部群峰耸立，标高一般在1000 m以上，最高峰骑田岭标高1510 m；南东部多为丘陵起伏，标高一般为270～420 m。矿泉水处附近标高约165 m。其周围按成因有侵蚀构造地貌、剥蚀侵蚀构造地貌、侵蚀溶蚀岩地貌、剥蚀构造地貌和堆积地貌。

地表水系较发育，主要有西河和玉溪河。此二河在麦子桥南西侧汇合后，向南东方向流去，为该区降水和地下水的排泄通道。

矿泉水点附近出露的地层有石炭系中上统壶天群、二叠系下统栖霞组、当冲组、上统龙潭组和第四系。

麦子桥矿泉从地质单元上正处于南岭纬向构造带、耒阳—临武南北向拗褶带和湘东新华夏系褶断带的交汇部位，构造较复杂。构造线总体方向为南北向和北北东向，构造形迹主要为褶皱、断裂和岩体。矿泉位于宜章复向斜的红毛塘—青菜塘向斜褶皱中，处北北东向的F2压性断裂与北西向的F1张性断裂的交汇部位。F1断裂既含水又导水，热泉沿该断裂呈线状排列。热泉因被河水淹没，未侧流。角砾岩、糜棱岩是该矿泉的良好隔水保温层。

区内地下水划分为松散层孔隙水、红层裂隙孔隙水、碳酸盐岩岩溶裂隙水和基岩裂隙水四类。其中前两类含水贫乏。

区内北西、南西、北东三面地势较高，北西为花岗岩裂隙水含水层，其他两面主要为石炭系、二叠系碳酸盐岩含水层。地下水在含水层或岩溶分布区接受大气降水补给，通过第四系松散层孔隙、基岩裂隙、碳酸盐岩中的各种岩溶通道和断裂向地渗透，其中一部分水渗入地下以相对较快的速度，经浅部循环后，在低洼地段排泄于地表；另一部分继续向深部循环，在深循环过程中，一方面增温，一方面与围岩充分作用，溶解或溶滤了一定量的化学组分。与此同时，沿 F2 断裂带缓慢地在麦子桥附近汇集，遇导水导热的 FI 断裂带，在水压力驱使下，沿 F1 断裂带呈线状以热泉形式排泄于地表。

2）矿泉水源产地水质化学特征

麦子桥矿泉水清澈透明，物理特性优良，具无异味、无臭、无色、无悬浮物的特点，水温为40℃，属温泉；水化学类型为 $HCO_3 - Ca$ 型，pII 为 7.1～7.46，溶解性总固体浓度为 363.28～359.26 mg/L，总硬度为 82.0～83.0 mg/L，属软水。钙、镁离子配比适宜。偏硅酸（H_2SiO_3）含量为 29.88～31.65 mg/L，锶（Sr）含量为 0.16～0.26 mg/L，符合或接近饮用天然矿泉水国家标准。此外还含有铁、锌、硒、钼、锰、铜、钴等 10 余种对人体健康有益的微量元素。耗氧量为 0.54～1.37 mg/L，说明卫生没受到污染，钠（Na^+）含量为 1.50～1.78 mg/L，是一种受人们欢迎的低矿化度超低钠优质天然矿泉水。

7.11.2 永兴县马田圩温泉头矿泉水

1）矿泉水源产地水文地质特征

该矿泉水位于永兴县马田圩镇西南的温泉头村，距县城约 40 km。距京广线马田圩车站 4 km。

矿泉区为溶丘谷地和丘陵地形，地势较平，标高 125～250 m，西南邝家山最高，标高为 388.9 m，相对高差 260 m。

矿泉出露处附近的谷地，由于受北西向断裂的控制，呈北西向展布，宽200～1300 m 不等，均由第四系覆盖。

本区地层有泥盆系、石炭系、二叠系、白垩系和第四系，岩浆岩主要为黑云母花岗岩，分布在本区西部和耒阳市的上堡。

构造上位于南北构造体系的耒阳—临武南北向坳褶带中，发育着一系列南北向的褶皱和断裂，断层有两组：南北组为压性、压扭性，北西组为张性，为该矿泉水的控制性断层。该矿泉水出露于龙形圩背斜南段倾伏段。

2）矿泉水源产地水质化学特征

该泉水无色、无臭、无肉眼可见物，水温为 48～50℃，属超温泉；水中阳离子主要为 Ca^{2+} 261.4 mg/L，其次为 Mg^{2+} 40.58 mg/L，K^+ 15.9 mg/L，Na^+

8.8 mg/L；阴离子主要为 SO_4^{2-} 640 mg/L，HCO_3^- 246.16 mg/L，其次为 Cl^- 1.06 mg/L；水中含 H_2SiO_3 67.6 ~ 72.16 mg/L，锶 2.8 ~ 3.6 mg/L；pH 为 6.6 ~ 6.8，属中性水；溶解性总固体浓度为 1160 ~ 1300 mg/L，属微咸水；总硬度为 909 mg/L，水化学类型为 $SO_4 + HCO_3 - Ca$ 型，是一种低钠、偏硅酸锶矿泉水；含锂、锌、氡等。各项指标见表 7 – 43。

表 7 – 43　温泉头矿泉水各项指标检测结果表　　单位：mg/L

	项目	国家标准	测定值		项目	国家标准	测定值
界限指标	H_2SiO_3	≥25.0	67.6	限量指标	Cu	<1.0	<0.01
	Sr	≥0.20	2.8		Cd	<0.003	0.004
	Li	≥0.20	<0.02		Cr	<0.05	0.01
	Zn	≥0.20	0.035		Pb	<0.01	0.02
	Se	≥0.01	<0.002		Hg	<0.001	0.0001
	游离 CO_2	≥250	30.8		Ag	<0.05	<0.005
	溶解性总固体	≥1000	1300		As	<0.01	0.01
污染指标	CN^-	<0.010	<0.002		Se	<0.05	<0.002
	NO_2^-	<0.1	0.004		Ba	<0.7	
	挥发酚	<0.002	<0.002		B	<5	0.061
	总 β	<1.50 Bq/L	1.5		F^-	<1.5	2.0
微生物	细菌总数	5 cfu/mL			NO_3^-	<45	1.00
	大肠杆菌	0 个/100 mL			耗氧量	<2.0	
					^{226}Ra	<1.1 Bq/L	0.45

注：同表 7 – 1。

7.11.3　汝城县罗泉矿泉水

1）矿泉水源产地水文地质特征

该矿泉水位于汝城县暖水乡罗泉村南约 1.6 km，南与广东省毗邻，东与江西省接壤。

区内地势东、南、西三面高，北东侧低。东、南、西三面群峰耸立，北东为一谷底较开阔缓缓向北东倾斜的狭长冲沟，在矿泉附近，标高 356 m。

区内为中低山地形,按成因有侵蚀构造地貌、剥蚀侵蚀构造地貌和侵蚀溶蚀岩溶地貌。侵蚀溶蚀岩溶地貌分布于白钩至西腊一带,由泥盆系、石炭系碳酸盐岩组成,矿泉即出露在本地貌区内。

地表水系主要为白芒洞河,该河由南西流经矿泉水北约 500 m 向北东流去,汇入耒水,为该区大气降水和地下水的排泄通道。

本区华夏系构造较为发育,主要由北东向褶皱及与其褶皱轴平行的一组压扭性断裂组成。主要构造有北水—陈家—官坑向斜、大屋场—枫树下压性断裂(F1)、北水—西腊压性断裂(F3)和近东西向的 F2 断裂。热矿泉出露于向斜东南翼的锡矿山组。F2 断裂具有先压后张的特性,热矿泉出露于该断裂的下盘。

根据地下水赋存空间的特征,区内地下水主要有碳酸盐岩溶洞裂隙水和基岩裂隙水,矿泉水出露于碳酸盐岩溶洞裂隙。

大气降水通过砂页岩、浅变质砂岩、板岩和碳酸盐岩的裂隙、溶洞和断裂向地下渗透,其中一部分水渗入地下以不同的运移速度,经浅部循环后,在适宜的地段排泄于地表,区内的常温泉水往往是这样形成的。另一部分水继续向深部循环。在深循环过程中经较长时间的埋藏,一面增温与围岩作用,溶解或溶滤了一定量的化学组分,一面沿 F1 断裂向 F2 断裂运移,运移至导水导热的 F2 断裂下盘时,在水压力驱动下,沿该断裂下盘呈线状以热泉形式排泄于地表。

2)矿泉水源产地水质化学特征

罗泉矿泉水清澈透明,无色、无臭、无肉眼可见物,水温为 48 ~ 49℃,属超温泉;水中阳离子主要为 Ca^{2+} 60.32 mg/L,其次为 Mg^{2+} 9.48 mg/L,K^+ 1.52 mg/L,Na^+ 2.10 mg/L;阴离子主要为 HCO_3^- 210.5 mg/L,其次为 SO_4^{2-} 25.46 mg/L,水化学类型为 HCO_3 – Ca 型;pH 为 6.9 ~ 7.15,属中性水;溶解性总固体浓度为 339.0 ~ 344.5 mg/L,总硬度为 184.6 ~ 196.6 mg/L,属软水;水中含 H_2SiO_3 37.96 ~ 39.16 mg/L,锶 0.284 ~ 0.298 mg/L,均符合饮用天然矿泉水国家标准。此外还含有铁、锂、锌、锰、铜、硒、钒等十余种微量元素,其他限量指标和放射性物质不超标,耗氧量为 1.10 ~ 1.30 mg/L,表明该矿泉水是卫生、安全、健康的,未受污染,是一种低矿化、超低钠、偏硅酸锶矿泉水。各项指标见表 7 – 44。

表7-44　罗泉矿泉水各项指标检测结果表　　　　　　单位：mg/L

	项目	国家标准	测定值		项目	国家标准	测定值
界限指标	H_2SiO_3	≥25.0	37.96	限量指标	Cu	<1.0	<0.01
	Sr	≥0.20	0.298		Cd	<0.003	0.004
	Li	≥0.20	<0.02		Cr	<0.05	0.01
	Zn	≥0.20	<0.02		Pb	<0.01	<0.001
	Se	≥0.01	<0.002		Hg	<0.001	0.0001
	游离CO_2	≥250	13.47		Ag	<0.05	<0.005
	溶解性总固体	≥1000	339.0		As	<0.01	0.01
污染指标	CN^-	<0.010	<0.002		Se	<0.05	<0.002
	NO_a^-	<0.1	0.005		Ba	<0.7	
	挥发酚	<0.002	<0.002		B	<5	
	总β	<1.50 Bq/L	0.316		F^-	<1.5	
微生物	细菌总数	5 cfu/mL			NO_3^-	<45	<0.10
	大肠杆菌	0 个/100 mL			耗氧量	<2.0	1.28
					^{226}Ra	<1.1 Bq/L	

注：同表7-1。

7.12　张家界矿泉水

张家界位于湖南省西北部，地处云贵高原隆起与洞庭湖沉降区结合部，北纬28°52'至29°48'，东经109°40'至111°20'之间。现辖永定、武陵源二区和慈利、桑植二县。总面积为9563 km²。

水系主要是澧水及其大小支流100多条。

张家界市的地层复杂多样，造就了当地的特色景观，主要有山地、岩溶、丘陵、岗地和平原等，山地面积占总面积的76%，其中最具特色的是石英砂岩峰林地貌，为世界罕见。

地层构造比较齐全，除石炭系外，从元古界的冷家溪到第四系都有。

澧水大断裂(石门—保靖)长达260 km。该断裂带处于呈缓"S"形展布的武陵山隆起带。构造发育，次一级的断裂颇多，为矿泉水的形成、贮存创造了环境条件。在此矿水带上分布不少矿泉水。如：慈利龙潭、环城、落马坡各有1处；张家界永定区有3处；武陵源有2处；桑植空壳树有1处。下面介绍2处矿泉水赋存及水质特征。

7.12.1 张家界温塘矿泉水

1）矿泉水源产地水文地质特征

矿泉位于张家界市区西侧约 40 km 处，出露于奥陶系下统的大湾组和红花园组中，两组呈整合关系，红花园组岩性为石灰岩，出露在大湾组下部，含泥质较多的泥质灰岩大湾组覆盖在其上，对地下矿泉起遮挡作用，使矿泉水有承压性。

构造：大庸—花垣大断裂附近，近于北北东向的向斜扬起两端的张裂隙发育带。

2）矿泉水源产地水质化学特征

该泉水无色、无臭、无味、无异物，水温为 36.5℃，属温泉；水中阳离子主要为 Ca^{2+} 115.01 mg/L，Mg^{2+} 27.77 mg/L，其次为 Na^+ 2.15 mg/L，K^+ 3.15 mg/L；阴离子主要为 HCO_3^- 256.43 mg/L，SO_4^{2-} 196.67 mg/L，其次为 Cl^- 0.53 mg/L；pH 为 7.5，属中性水；溶解性总固体浓度为 673.05 mg/L，属低矿化度的淡水；总硬度为（以 $CaCO_3$ 计）401.20 mg/L，属软水，水化学类型为 $HCO_3 + SO_4 - Ca + Mg$ 型，是一种含锶偏硅酸矿泉水；含锂、锌、硒等。各项指标见表 7－45。

表 7－45　温塘矿泉水各项指标检测结果表　　　　单位：mg/L

	项目	国家标准	测定值		项目	国家标准	测定值
界限指标	H_2SiO_3	≥25.0	44.20	限量指标	Cu	<1.0	<0.01
	Sr	≥0.20	4.30		Cd	<0.003	0.004
	Li	≥0.20	0.03		Cr	<0.05	0.01
	Zn	≥0.20	<0.02		Pb	<0.01	<0.001
	Se	≥0.01	<0.002		Hg	<0.001	0.0001
	游离 CO_2	≥250	13.20		Ag	<0.05	<0.005
	溶解性总固体	≥1000	676.05		As	<0.01	0.01
污染指标	CN^-	<0.010	<0.002		Se	<0.05	<0.002
	NO_2^-	<0.1	0.004		Ba	<0.7	
	挥发酚	<0.002	<0.002		B	<5	0.02
	总β	<1.50 Bq/L			F^-	<1.5	0.50
微生物	细菌总数	5 cfu/mL			NO_3^-	<45	0.80
	大肠杆菌	0 个/100 mL			耗氧量	<2.0	0.56
					^{226}Ra	<1.1Bq/L	

注：同表 7－1。

7.12.2 桑植县汤溪峪矿泉水

1)矿泉水源产地水文地质特征

汤溪峪天然矿泉位于湖南省桑植县东部距离 28 km 的空壳树乡汤溪峪村。

区内地势南北高、中间低。南部袁家界、亚角山、仗左山一带和北部黄山岭、四望山、扬溪山等标高均在 1000 m 以上,中部冉家坪、空壳村一带较低,标高一般为 380~400 m。矿泉水附近标高 468 m。它的北、东、西三面标高一般在 800~1000 m。

区内为中低山地形,有侵蚀构造地貌、溶蚀构造地貌和剥蚀构造地貌三类。

地表水系较发育,主要有空壳村河和马合公河,此二河在瑞塘铺以西汇合后,向西汇入澧水,是区内地表水和地下水的主要排泄通道。

区内地层自老至新有志留系中、上统龙马溪群、罗惹坪组、小溪组,泥盆系中上统、二叠系下统栖霞组、茅口组,三叠系大治群、嘉陵江组、巴东组。

汤溪峪矿泉从地质单元上位于我国东部新华夏系一级构造第三隆起带的南段,湘西北弧形构造的东北侧,属武陵山褶皱带的东北部。区内主要构造形迹为北东东向斜列式发育着的一系列较宽缓的褶皱。断裂构造不发育,仅有以 F1 断层为代表的北东东向组和以 F2 断层为代表的北西向组。矿泉出露于人潮溪背斜倾伏端南翼、F1 与 F2 交界处的断层破碎带中。F1 断层既富水又导水,F2 断层亦含水导水。

区内地下水可分为基岩裂隙水、碳酸盐岩岩溶水两类。前者一般受分水岭控制,径流途径短,补给、径流、排泄区不明显,近源排泄。后者一般径流途径较长,补给、径流、排泄区明显,径流集中。

大气降水补给的地下水一部分以泉流或暗河的形式排泄于地表,另一部分沿基岩裂隙、碳酸盐岩的各种岩溶通道向深部循环,在深循环过程中(1000 m 以下),一方面增温,一方面与围岩充分作用,溶解或溶滤了一定量的化学组分,然后沿 F1 断层和其他通道,在水压力的驱动下,向地表径流,沿 F1 断层破碎带以泉群形式出溢于地表,于是形成了汤溪峪矿泉。

2)矿泉水源产地水质化学特征

汤溪峪矿泉水清澈透明,物理特性优良,具无异味、无臭、无色、无悬浮物的特点,水温为 39~40℃,属温泉;水化学类型为 HCO_3 - Ca 型,pH 为6.80~7.15,溶解性总固体浓度为 200.47~203.74 mg/L,总硬度为 40~44 mg/L,属软水;偏硅酸(H_2SiO_3)含量为 30.89~35.5 mg/L,锶(Sr)含量为 0.28~0.42 mg/L,均达到饮用天然矿泉水国家标准。此外还含有铁、锌、硒、钼、锰、铜、钴、锗等 10 余种对人体健康有益的微量元素。耗氧量为 1.09 mg/L，说明卫生没受到污染。该泉适宜浴疗，对治疗皮肤病、关节炎等疾病有较好的疗效。各项指标见表 7 – 46。

表 7 – 46　汤溪峪矿泉水各项指标检测结果表　　　　单位：mg/L

	项目	国家标准	测定值		项目	国家标准	测定值
界限指标	H_2SiO_3	≥25.0	35.5	限量指标	Cu	<1.0	<0.01
	Sr	≥0.20	0.28		Cd	<0.003	<0.001
	Li	≥0.20	0.04		Cr	<0.05	0.01
	Zn	≥0.20	<0.02		Pb	<0.01	<0.001
	Se	≥0.01	<0.002		Hg	<0.001	0.0001
	游离 CO_2	≥250	4.40		Ag	<0.05	<0.005
	溶解性总固体	≥1000	203.74		As	<0.01	0.01
污染指标	CN^-	<0.010	<0.002		Se	<0.05	<0.002
	NO_2^-	<0.1	<0.002		Ba	<0.7	
	挥发酚	<0.002	<0.002		B	<5	0.16
	总 β	<1.50 Bq/L			F^-	<1.5	0.26
微生物	细菌总数	5 cfu/mL			NO_3^-	<45	<0.10
	大肠杆菌	0 个/100 mL			耗氧量	<2.0	1.09
					^{226}Ra	<1.1 Bq/L	

注：同表 7 – 1。

7.13　湘西自治州矿泉水

湘西自治州位于湖南省西北部，地处东经 100°10'至 110°55'，北纬 27°44'至 29°47'之间，东临张家界市，西接贵州铜仁松桃、重庆秀山、酉阳，南连怀化市，北与湖北省来凤、宣恩、鹤峰交界。现辖泸溪、凤凰、古丈、花垣、保靖、永顺、龙山 7 县和吉首 1 县级市，面积为 15462 km^2。

湘西自治州地处云贵高原北东侧与鄂西山地南西端之结合部，武陵山脉由北东向南西斜贯全境，地势南东低、北西高，属中国由西向东逐步降低第二阶梯之东缘。西部与云贵高原相连，北部与鄂西山地交颈，东南以雪峰山为屏障，武陵山脉蜿蜒于境内。地势由西北向东南倾斜，平均海拔为 200～800 m，西北边境龙山县的大灵山海拔 1736.5 m，为州内最高点；泸溪县上堡乡大龙溪出口河床海拔 97.1 m，为州内最低点。

湘西州西南石灰岩分布极广，岩溶发育充分，多溶洞、伏流；西北石英砂岩密布，因地壳作用形成小片峰，以花垣排吾乡周围最为典型。东西部为低山丘陵区，平均海拔为 200～500 m，溪河纵横其间，两岸多冲积平原。地貌形态的总体轮廓是一个以山原山地为主，兼有丘陵和小平原，并向北西突出的弧形山区地貌。

水系发育，北有澧水源于本区，中部有酉水河系，南部为武水水系，流程大于 5 km 的河流共 1750 条。

地层山露比较齐全，除了石炭系外，从元古界板溪群至中生界三叠系均有出露，且有一些地段上还覆盖着白垩系、第四系。

该区为武陵山隆起带和沅麻盆地、大庸盆地两个沉降带的部分，构造形迹发育，组合复杂，其中以断裂构造为主干格架，褶皱次之，构造形迹多呈缓"S"形展布。分成四组：①NNE，古丈—凤凰；②NE，盐井—桑植 170 km；③EW，赛扬—吉首 15 km；④NW，大庸—花垣，以大庸—花垣大断裂为主，多条断裂组合为主。

分布在上述多条组合断裂带矿泉水为：永顺、吉首、泸溪、古丈、保靖各有 1 处；龙山洗洛乡小井村一处，洗溪、凤溪矿泉水含 Sr 0.48～2.5 mg/L、含 Li 0.58～0.85 mg/L，水化学类型为 HCO_3 – Na 型。在龙山洗车乡鸡屎塘有一处硫酸盐矿泉，产自第三系含盐地层中。

7.13.1　吉首市狮子山矿泉水

1）矿泉水源产地水文地质特征

该矿泉水位于吉首市东南侧 18 km 处的河溪镇。

该地水系峒河、沱江汇集于此形成向东流的武水河。该矿泉水出露于河边的丘上，河水标高 200 m。

该区出露的地层主要有白垩系上统、锦江组、第四系。

区内构造剥蚀侵蚀低山地形，西部地势较高，东部较低，中低山地形，群山环抱，风景秀丽。

2）矿泉水源产地水质化学特征

该泉水无色、无臭、无味、无肉眼可见物，水温为 26℃，属微温泉；水中阳离子主要为 Ca^{2+} 95.33 mg/L，其次为 Mg^{2+} 17.99 mg/L，Na^+ 16.17 mg/L，K^+

1.91 mg/L；阴离子主要为 HCO_3^- 321.98 mg/L，其次为 SO_4^{2-} 66.40 mg/L，Cl^- 17.93 mg/L；pH 为 7.74，属弱碱性水；溶解性总固体浓度为 565.89 mg/L，属低矿化度的淡水；总硬度为 311.90 mg/L，属软水，水化学类型为 $HCO_3 - Ca$ 型；是一种含锶重碳酸钙型矿泉水，含锂、锌、硒等；各项指标见表 7 - 47。

表 7 - 47 狮子山矿泉水各项指标检测结果表   单位：mg/L

	项目	国家标准	测定值	项目	国家标准	测定值
界限指标	H_2SiO_3	≥25.0	20.78	Cu	<1.0	<0.01
	Sr	≥0.20	0.89	Cd	<0.003	<0.001
	Li	≥0.20	0.02	Cr	<0.05	0.01
	Zn	≥0.20	<0.02	Pb	<0.01	<0.001
	Se	≥0.01	<0.002	Hg	<0.001	0.0001
	游离 CO_2	≥250	19.80	Ag	<0.05	<0.005
	溶解性总固体	≥1000	565.89	As	<0.01	0.01
污染指标	CN^-	<0.010	<0.002	Se	<0.05	<0.002
	NO_2^-	<0.1	<0.002	Ba	<0.7	
	挥发酚	<0.002	<0.002	B	<5	
	总β	<1.50 Bq/L		F^-	<1.5	0.17
微生物	细菌总数	5 cfu/mL		NO_3^-	<45	11.80
	大肠杆菌	0 个/100 mL		耗氧量	<2.0	0.75
				^{226}Ra	<1.1 Bq/L	

注：同表 7 - 1。

7.13.2 永顺县不二门矿泉水

1）矿泉水源产地水文地质特征

不二门天然矿泉位于湖南省永顺县县城南西约 2.5 km 猛洞河东侧。

该地表水系仅有酉水河一级支流——猛洞河系。该矿泉水出露于猛洞河河漫滩上，泉水高出平水期河水位 0.6 m。

该区出露的地层主要有志留系、奥陶系及中上寒武统娄山关群。从地质单元上正处于花垣—大庸（F1）大断裂带与凉水井—万坪向斜交汇部位，构造形迹较发育，各构造组合较复杂。区内褶皱构造主要有凉水井—万坪向斜及保靖—永顺背斜，其中后者被断裂构造破坏、改造、利用，使其轴位不清。

2）矿泉水源产地水质化学特征

不二门矿泉水物理特性优良，具无异味、无臭、无色、无悬浮物的特点，水温为 40~41℃，属温泉；泉水中有大量气泡冒出，水化学类型为 $SO_4 + HCO_3 - Ca + Mg$ 型淡水，pH 为 7.2~7.4，溶解性总固体浓度为 468~478 mg/L，总硬度为 338 mg/L，耗氧量为 0.54~1.36 mg/L，说明卫生没受到污染。该泉中偏硅酸（H_2SiO_3）含量为 28.6~39.0 mg/L，氡含量为 87.3Bq/L，锶（Sr）含量为 3.1~3.8 mg/L，三项均达到饮用天然矿泉水国家标准。此外还含有锌、硒、锂、钴、铁、钼、锰等对人体健康有益的微量元素。各项指标见表 7-48。

表 7-48　不二门矿泉水各项指标检测结果表　　　　单位：mg/L

	项目	国家标准	测定值		项目	国家标准	测定值
界限指标	H_2SiO_3	≥25.0	33.8	限量指标	Cu	<1.0	<0.01
	Sr	≥0.20	3.80		Cd	<0.003	<0.001
	Li	≥0.20	0.054		Cr	<0.05	0.01
	Zn	≥0.20	<0.02		Pb	<0.01	<0.001
	Se	≥0.01	<0.002		Hg	<0.001	0.0001
	游离 CO_2	≥250	4.40		Ag	<0.05	<0.005
	溶解性总固体	≥1000	478		As	<0.01	0.01
污染指标	CN^-	<0.010	<0.002		Se	<0.05	<0.002
	NO_2^-	<0.1	<0.002		Ba	<0.7	
	挥发酚	<0.002	<0.002		B	<5	0.08
	总 β	<1.50 Bq/L			F^-	<1.5	0.54
微生物	细菌总数	5 cfu/mL			NO_3^-	<45	<0.10
	大肠杆菌	0 个/100 mL			耗氧量	<2.0	0.54
					^{226}Ra	<1.1 Bq/L	

注：同表 7-1。

7.13.3 古丈县默戎镇湘泉矿泉水

1) 矿泉水源产地水文地质特征

湘泉天然矿泉位于湖南省古丈县默戎镇万岩村，默戎镇至矿泉水井有简易公路连接。

水源附近总的地势是西北高、东南低。标高一般在 550～635 m，最高标高为 708 m，默戎河在万岩村的河床标高为 301 m，矿泉水井标高约 322 m。

区内为构造剥蚀侵蚀低山地形，山顶较平缓，山脊连线与构造线分布方向基本一致，大体呈北东方向延伸。矿泉井附近群山环抱，云雾缭绕，植被发育，风景十分优美。

水源地没有较大的地表水系，仅有默戎河和阿着河。前者发源于矿泉北侧，后者发源于矿泉西侧，在矿泉东南侧会合，均常年有水，是区内地表水和地下水的主要排泄通道。

区内分布的地层有第四系、白垩系、寒武系、震旦系和板溪群。区内岩浆岩有基性侵入岩和火山岩两类。

本区位于武陵山早期华夏系褶断带的古丈复背斜西南端，主要构造形迹总体走向为 40°～65°，以平缓褶皱为主，断裂不甚发育。

矿泉水水源附近地下水类型主要有松散岩类孔隙水、碳酸盐岩类裂隙溶洞水和基岩裂隙水三类。

该矿泉水主要赋存于古丈复背斜岩浆岩体中，顶板有很厚的板溪群良好隔水层，沿复背斜轴南面和北面地势都比水源地地势高，复背斜的西翼地势也比水源地势高。含矿泉水的岩浆岩体，沿古丈背斜构造分布，断续出露延伸长 20km，大部分为隐伏型。根据区域地质水文地质调查，板溪群和震旦系地层分布区除已发现的几条主要断裂带外，小断裂比较发育。该矿泉水的补给源主要为南、西和北面区域一些断裂构造裂隙水。区域断裂带接受大气降水渗入，经深循环后补给岩浆岩含水层，并长距离深循环而形成古井。该矿泉水在径流循环运移过程中经过还原带，是在地下埋藏时间很长的深循环水。该矿泉水含水空间封闭性比较好，在矿泉水水源地除人工揭露的自流水外，仅在阿着河岸边发现一处上升泉，流量仅 0.25 L/s，排泄条件比较差，也说明该矿泉水补给主要来自区域补给，正由此，水量、水温、水质才能保持很稳定，不受当地季节的影响。

2) 矿泉水源产地水质化学特征

湘泉矿泉水清澈透明，甘甜爽口，物理特性优良，具无异味、无臭、无色、无悬浮物的特点，水温为 25.5～26.0℃；水化学类型为 $HCO_3 + CO_3 - Na$ 型，pH 为 8.4～9.4，弱碱性；溶解性总固体浓度为 221.0～278.94 mg/L，属淡水；

总硬度为2.55～4.65 mg/L，属软水；偏硅酸（H_2SiO_3）含量26.44～30.88 mg/L，达到饮用天然矿泉水国家标准；锂（Li）含量0.13～0.14 mg/L，接近饮用天然矿泉水国家标准。此外还含有铁、锌、硒、碘、锶、钼、锰、铜、钴等10余种对人体健康有益的微量元素，是一处难得的含偏硅酸的天然苏打饮用矿泉水。各项指标见表7－49。

表7－49　湘泉矿泉水各项指标检测结果表　　　　单位：mg/L

	项目	国家标准	测定值		项目	国家标准	测定值
界限指标	H_2SiO_3	≥25.0	27.22	限量指标	Cu	<1.0	<0.01
	Sr	≥0.20	0.078		Cd	<0.003	<0.001
	Li	≥0.20	0.132		Cr	<0.05	<0.01
	Zn	≥0.20	<0.02		Pb	<0.01	<0.001
	Se	≥0.01	<0.002		Hg	<0.001	<0.0001
	游离CO_2	≥250	<0.01		Ag	<0.05	<0.005
	溶解性总固体	≥1000	247.7		As	<0.01	<0.01
污染指标	CN^-	<0.010	<0.002		Se	<0.05	<0.002
	NO_2^-	<0.1	0.002		Ba	<0.7	
	挥发酚	<0.002	<0.002		B	<5	0.20
	总β	<1.50 Bq/L			F^-	<1.5	0.50
微生物	细菌总数	5 cfu/mL			NO_3^-	<45	5.00
	大肠杆菌	0 个/100 mL			耗氧量	<2.0	0.53
					^{226}Ra	<1.1 Bq/L	

注：同表7－1。

7.14　娄底矿泉水

娄底市位于湖南的地理几何中心，地跨东经110°45'40"—112°31'07"，北纬27°12'31"—28°14'27"，北接益阳市，南接邵阳市，西临怀化市，东临湘潭市。全市东西宽160 km，南北长102 km。下辖娄星区、冷水江市、涟源市、双峰县、新化县和娄底经济开发区、万宝新区,总面积为 8117 km²。

娄底境内地势西高东低,呈阶梯状倾斜。在大地貌格局中,新化县、冷水江市、涟源市的西南部属湘西山地区,涟源市的中、东部和娄星区、双峰县属湘中丘陵区。属于云贵高原向江浙丘陵递降的过渡带。南起双峰县的猪婆山,到涟源市的龙山(1513 m),再到冷水江市的狮子岭(591 m)、癞子岭(994 m)、锡矿山(825 m),北至涟源市的参机山、红军寨(893 m),将区境分割成东西两大地域。西部山势雄厚,峰岭驰骋,大多为侵蚀、构造、溶蚀地貌,地势险峻,海拔较高;东部地势逐步降低,地形起伏平缓、丘冈延绵、平地宽敞,海拔较低。唯双峰县东部大多为溶蚀堆积的丘冈平地貌。因下古生代印支期和中生代燕山期地壳运动,花岗岩侵入体局部隆起,形成一线九峰山脉(属衡山山系)。

娄底境内溪水奔流,河网密布,水系完整,水量充沛。娄底市主要河流有:东部涟水,为湘江中游一大支流,源于新邵观音山,自西向东,流经涟源市、娄星区、双峰县,经湘乡至湘潭县河口入湘江,境内全长 85.85 km,沿途纳孙水、湄江、测水等 1~4 级支流 89 条,控制流域面积 3906 km²。西部资水,由南向北,流经冷水江、新化。经安化柘溪,过益阳注入洞庭湖,贯穿境内西半部,区内流程为 112 km,有 1~4 级支流 100 条,控制流域面积 3985 km²。

下面介绍涟源石陶矿泉水赋存及水质特征。

1)矿泉水源产地水文地质特征

石陶矿泉水井位于涟源市伏口镇石陶乡长坳湾村长坳石膏矿井中。石膏矿井口标高为 485.0 m,出水点标高为 357.3 m。

矿泉水井距伏口镇约 6 km,有简易公路通至井边。伏口镇有公路至涟源、娄底,交通条件除简易公路段较差外,从伏口镇向外交通条件尚好。

矿泉水产于下石炭统大圹阶梓门桥段,岩性为灰岩、泥质灰岩夹泥灰岩和石膏层。其中泥灰岩中锶含量达 4.8%,石膏中锶含量为 0.064%,井下溶隙切穿至下部第三石膏层,地下水沿石膏层与岩石接触的裂隙运移,泥灰岩及石膏层中的锶元素被水迁移入地下水中,形成含锶矿泉水。

2)矿泉水源产地水质化学特征

石陶矿泉水无色,无肉眼可见物,水温为 17.5℃,属冷泉;水中阳离子浓度主要为 Ca^{2+} 183.53~202.2 mg/L,Na^+ 22.85~25.22 mg/L;阴离子浓度主要为 SO_4^{2-} 322~437 mg/L,HCO_3^- 314.86~303.7 mg/L,水化学类型为 $SO_4 + HCO_3 - Ca$ 型;pH 为 7.8~8,属碱性水;溶解性总固体浓度为 869.9~948 mg/L,总硬度为 559.5~575.85 mg/L;矿泉水含锶 3.12~4.39 mg/L,大大超过了饮用天然矿泉水国家标准要求的大于 0.20 mg/L;此外尚含 Zn、Li、Br、I、Sr、H_2SiO_3 及 fCO_2 等元素及组分。

矿泉水流量(从井壁中涌出)为 0.65 ~ 0.76 L/s,允许开采量为 56.1 m³/d,可建年产 1 万 m³ 的矿泉水厂。矿泉水含锶较高,如与水源较好的非含锶水配置开发,使锶含量控制在 1 ~ 2 mg/L 时,矿化度、总硬度等将会下降,口感将会较好。

8 国内外矿泉水的开发利用现状及分析

8.1 欧洲矿泉水的开发利用现状及分析

西方国家开发利用矿泉水的历史悠久,在一些国家,矿泉水已经成为人们生活中不可缺少的一部分。以碳酸型水为主体的矿泉水业,从 20 世纪 80 年代起,在发达国家进入了高速成长期,其强劲的发展势头,尤以欧洲为最,且至今不减,成为增长最快的产业。

饮用天然矿泉水在世界各地均有分布,而以欧洲的阿尔卑斯山皱裂带、苏联纳尔赞地区和我国的长白山地区最为著名。

综合分析欧洲矿泉水业劲势发展的特点,除其资源优势外,主要呈现这样的趋势:

一是产业发展市场化。市场需求是矿泉水产业发展的根本动力。20 世纪中后期,伴随着世界经济的持续增长和世界范围内环境污染的加剧,人们的饮食观念发生了深刻变化,天然、营养、安全、健康成为消费主题,对天然矿泉水的消费在一些发达国家兴起。意大利、德国、法国、比利时的年人均矿泉水消费量都超过 100 L,其中意大利最多已达 135 L。市场需求使矿泉水产业进入了高速成长期,年平均增长率超过 10%,远远高于欧洲各国同期的工业增长,且至今增势不减。目前,在欧洲矿泉水产量居前四位的国家依次是意大利、法国、德国和西班牙,产量都超过百万吨。

二是生产集约化。随着产业的高速发展,欧洲矿泉水制造业的集约化程度也越来越高。现已形成了多个矿泉水的国际品牌和企业集团。法国的 P. V 集团(属瑞士雀巢集团)是世界上最大的矿泉水生产集团,产品在国际市场上占 10% ~ 15% 的份额,主要品牌是佩里埃(perrier),中等矿化度、低钠、含气,是世界三大著名品牌之一。法国依云集团(属法国达能集团)也是世界著名的矿泉水生产商,产品埃里昂(evian)已有 200 多年历史,利用的是阿尔卑斯山的低钠、低矿化度的优质矿泉水资源。埃里昂矿泉水已成为目前世界第一矿泉水品牌,在全球 60 多个国家均有销售。依云集团、P. V 集团和沃尔沃克三个集团的产量,已占到法国国内总产量的 85%。在德国,矿泉水厂家有 253 个,其中前 5 家的生产量已占到市场 35% 的份额。

三是品种多样化。经多年的发展,欧洲矿泉水生产已进入成熟期,市场上的品种呈现多样化。从规格上看,由 0.7 L 瓶装水到 5 L 桶装水,形成了 10 余个规格;从包装看,有玻璃瓶,也有 pet 和 pvc 瓶;品种在无气和加气水的基础上,又出现了加味矿泉水。总体来说,加气矿泉水是欧洲矿泉水消费主体,西方国家尤其是欧洲国家加气矿泉水生产量逐年上升。

在欧洲,矿泉水产业已成为财政收入的一个重要来源。各国对矿泉水行业普遍实行高税率政策,增值税率达到 15% ~20%,比普通食品 7% 的税率水平高 1 倍还多,有的国家还征收消费税。欧洲矿泉水产业的发展,还为社会带来了大量就业机会。据不完全统计,欧洲矿泉水行业已容纳了就业人员 8 万多人。

欧洲各国对矿泉水业的重视程度颇高,不断加大管理与扶持力度。其办法是,首先严格管理。在饮用水产业,都制订出严格的分类标准,形成了监管体系,对与矿泉水相近的泉水、井水、净化水等分别进行了严格界定,净化了矿泉水市场。其次,建立水源地保护区。天然矿泉水的商业价值与其水源地有着很大的关联度。通过设立矿泉水水源地保护区,不但强化了对水源地的保护,而且更重要的是,这样做也能够有效地提升产品的商业价值。阿尔卑斯山矿泉保护区就是经多年保护和宣传形成的著名保护区。生产厂家在利用那里的优质矿泉水这一有形资源的同时,还充分利用了阿尔卑斯山域名这一巨大的无形资源,树立了良好的产品形象。第三,吸引跨国公司的投入。严格监管和高税收,提高了进入这一产业的门槛,同时,巨大的市场空间和高额利润又成为吸引诸多跨国集团加入矿泉水产业的有利条件。因跨国集团的进入,扩大了产业规模,增加了竞争力。法国矿泉水产业的两大集团,依云集团和 P. V 集团就已分别被世界食品业的巨头——达能集团和雀巢集团兼并,逐步形成了对法国矿泉水市场的垄断之势。

8.2　美国和巴西矿泉水的开发利用现状及分析

美国 1988 年有矿泉水厂家 474 个,1990 年年产量超过 64 亿 L,1992 年人均消费为 35 L，购买总量超过 90 亿 L，矿泉水营业额为 29.6 亿美元，1997 年，美国瓶装水已达 154 亿升，比 1996 年增长了 9.6%，人均瓶装水消费量为 57.7 L。据纽约饮料销售公司预测，美国瓶装水市场将稳定增长到 21 世纪，1997—2002 年的年增长率为 7.5%，主要原因是它已进入了人们的日常生活，不受人或教育水平的限制，已成为软饮料和自来水的替代品。瓶装非气泡水在 1997 年上升 10.4%，达到 134 亿 L，占 86.1%，气泡水 14.9 亿 L，仅占瓶装水市场的 9.6%。在美国，无气矿泉水需求量增加较快。

巴西 1996 年销售了 18 亿 L 矿泉水，有近 200 家生产厂家，2001 年矿泉水产量达 30 亿 L。

8.3　国内矿泉水的开发利用现状及分析

我国开发利用矿泉水有着悠久的历史。从利用天然温泉治疗疾病开始，发展到饮用，经历了漫长的历史时期。有关利用温泉强身祛病的记载，无论在明代李时珍的《本草纲目》，还是公元 500 多年的北周瘦信的《温泉碑文》，甚至公元 100 多年的东汉张衡的《温泉赋》等历史书籍和资料中都能找到。但是真正把矿泉水作为饮料饮用，那是近代的事。有关资料表明，我国的第一瓶矿泉水生产于 1931 年青岛崂山，是德国商人罗德维投资建厂生产的爱乐阔（ALAC）健康水，即后来的"崂山矿泉水"。我国饮用天然矿泉水大规模的开发利用则开始于 20 世纪 80 年代初期。

1949 年以前，我国唯一的瓶装矿泉水是青岛崂山牌天然矿泉水。20 世纪 80 年代中期，特别从 1987 年，我国国家矿泉水标准颁布实施以来，全国瓶装矿泉水的开发和生产得到了迅速发展。90 年代中期，发展速度有所减缓，到 1997 年，我国饮用天然矿泉水生产厂家已达到 1100 多家，成为世界上生产矿泉水厂家最多的国家。

据统计，目前全国已经勘查评价和鉴定的矿泉水水源地有 5000 多处。其中一半左右的矿泉水水源地经过国家级鉴定。另外，部分省区开展了区域矿泉水资源调查评价工作。还建立了吉林省长白山天然矿泉水水源地保护区。已有勘查资料表明，我国饮用天然矿泉水资源丰富，类型较多，而且大部分矿泉水品质优良，具有很好的开发利用和发展前景。

我国饮用矿泉水常见类型有锶型、偏硅酸型、锂型、锌型、硒型、碘型、溴型、碳酸型（含游离二氧化碳）等 8 种。其特征组分和离子的常见浓度为：锶 0.3~0.9 mg/L，偏硅酸 30~60 mg/L，锂 0.2~0.5 mg/L，锌 0.2~0.8 mg/L，硒 0.01～0.05 mg/L，碘 0.1～0.6 mg/L，溴 1.0～2.0 mg/L，游离二氧化碳 500～1000 mg/L。以锶型、偏硅酸型或锶硅、硅锶型矿泉水为主，占 90% 以上。其次为碳酸型水、锌型水、碘型水，而锂、硒、溴等类型的矿泉水较少。饮用天然矿泉水的矿化度一般小于 0.5 g/L，约占 70%，矿化度为 0.5～1.0 g/L 的饮用天然矿泉水约占 25%。一般为 pH 为 6.5～8.0 的中性水，少数为弱酸性，pH 为 5.0～6.5，或弱碱性水，pH 为 8.0～8.5。90% 以上为微硬水、软水和极软水，硬水和极硬水不足 10%。矿泉水中的常见离子是 HCO_3^-、SO_4^{2-}、Cl^-、Ca^{2+}、Mg^{2+}、Na^+、K^+ 等，重碳酸离子含量多在 100～300 mg/L，钙离子含量多在 15～100 mg/L，钠离子含量一般在 10～50 mg/L，钠离子含量低于 20 mg/L 的矿泉水占 45% 左右，小于 2 mg/L 的超低钠型的矿泉水也有不少。矿泉水化学类型以重碳酸钙、钙镁、钙钠型为主，占 85% 以上，其他类型如重碳酸硫酸型、重碳酸氯化物型、硫酸型、氯化物型等矿泉水不足 15%。

我国锶型、硅型矿泉水分布广泛，基本上各省（区、市）都有，碳酸型矿泉水主要分布在广东、黑龙江、陕西、青海、吉林等地区。从矿泉水赋存的含水层类型及岩性特征来看，岩浆岩和火山碎屑岩裂隙水中以偏硅酸型矿泉水为主，其次有碳酸型矿泉水，有少量的锶型、锌型矿泉水。沉积碎屑岩类裂隙孔隙水中主要是锶型矿泉水，其次是偏硅酸型、碳酸型矿泉水，另有少量的碘、锌、锂型矿泉水。碳酸盐岩中主要为锶型矿泉水，其次是偏硅酸型和碳酸型矿泉水。变质岩类裂隙水中主要是锶型和偏硅酸型矿泉水，但分布数量较少。松散岩类砂砾石孔隙水中主要是锶型矿泉水。从地质构造上分析，饮用天然矿泉水主要分布在两种大地构造类型区：一是构造隆起区。这一地区矿泉水多赋存于活动断裂带、火山岩浆活动带以及褶皱构造带的构造裂隙中，矿泉水类型以锶、偏硅酸型为主，常见的还有碳酸型矿泉水，以及少量的锂、锌型矿泉水。矿泉水中特征组分和微量元素的形成与高集，是地下水溶滤和构造断裂的深循环共同作用的结果；二是沉积盆地或构造断陷盆地区，从东北的松嫩平原、辽河平原，到华北平原、长江中下游平原、珠江三角洲平原，以及汾渭盆地、河西走廊等地区都有分布。这一地区矿泉水多赋存于第四系砂砾石孔隙水、第三系碎屑岩类裂隙孔隙水以及基地基岩裂隙水中，大多埋在局部地区中深部的承压含水层中，主要为锶型、偏硅酸型或锶硅复合型及少量的溴、碘型矿泉水。矿泉水中主要组分和微量元素的形成和富集，主要是含水层本身的水岩交换作用以及长期聚集浓缩作用的结果。

我国矿泉水生产企业数为一动态变化数据，每年都有新的矿泉水企业上马，都有生产厂家关停并转。1994 年辽宁省有近 40 家矿泉水生产企业，1995 年有近 20 家企业停产，仍有近 40 家企业在生产矿泉水。因而有 20 家企业是新开张的厂家。近几年来，受市场因素的影响，停产厂家的数量大于新上矿泉水厂家数量，总的矿泉水生产厂家数在减少。

据初步统计，1997 年全国矿泉水的生产量为 185 万 t，广东省位居第一，为 50 万 t，其次为福建省 20 万 t，宁夏、山西、甘肃、西藏最少为 2000 t。从生产规模来看，年产量超过 5000 t 的厂家数为 50 家，广东省年产量大于 1 万 t 的企业有 10 家，福建省年产量最大的厂为 45000 t。据对 15 个省（市、区）矿泉水生产企业不完全统计，年产量在 5000t 以上的企业占 10%，年产量在 1000 ~ 5000 t 的企业占企业数的 36.3%，年产量在 100 ~ 1000 t 的企业占企业总数的 53.7%，一般来讲，独资、合资和国有企业的规模较大，集体和私营企业的规模较小。

根据全国政协 2018 年调研"天然矿泉水开发中的问题和建议"，随着人们生活品质和消费水平的提高，健康饮水意识逐步深化，天然矿泉水的社会需求量正逐年增长。数据显示，目前天然矿泉水已成为我国饮料市场的主要产品之一。2017 年，全国矿泉水销售 1871 万 t，占整个包装饮用水销量的 18.68%（2004 年同比 5%）。是 1997 年全国矿泉水的生产量的 10 倍，社会需求量呈逐年增长的趋势。

需求的变化赋予了矿泉水更加宝贵的价值，作为优质的生态产品之一，矿泉水产业的健康发展不仅关系到生态环境健康、产业发展健康，而且对于人民饮水健康至关重要。再加上优质的天然矿泉水一定富集于青山绿水、环境优美之地，往往也是目前经济发展暂时落后的地方，保护、利用好矿泉水资源就与当地群众脱贫致富密切相关。矿泉水产业本身就是绿水青山就是金山银山的生动实践。

全国很多地方都存在矿业权与国家级、省级自然保护区重叠的问题。随着 2015 年环境保护部等 10 部委联合下发《关于进一步加强涉及自然保护区开发建设活动监督管理的通知》，明确提出"对自然保护区内已设置的商业探矿权、采矿权和取水权要限期退出"等规定，相关矿泉水企业按照规定停产、退出。导致全国矿泉水的生产量有所下降。

中国目前开发的矿泉水，大多数均属硅酸矿泉水或含锶矿泉水，以及含锶、硅酸矿泉水，而比较珍贵少见的含锌矿泉水、含硒矿泉水，以及在国外深受欢迎的低钠矿泉水，均未受到足够的重视。

1）产品质量

我国的矿泉水产品质量与国外相比有明显差距。1992 年和 1994 年，国家技术监督部门对天然矿泉水产品进行了两次监督抽查，抽样合格率分别为 34.5% 和 55%，1995 年全国统检抽样合格率达到 73%，1996 年为 76.8%，

1997年在产品标准要求更严格的情况下,抽样合格率达到78.2%。2007年国家质检总局组织对瓶装饮用水产品质量进行了监督抽查,共抽查了北京、河北、山西、黑龙江、吉林、辽宁、上海、江苏、浙江、河南、湖南、湖北、广东、陕西、福建、江西、四川、云南、甘肃、贵州等20个省、直辖市145家企业生产的148种产品(不涉及出口),产品实物质量合格率为87.2%。其中抽查了101种饮用纯净水、32种饮用天然矿泉水、15种饮用水。

我国饮用天然矿泉水产品质量逐年提高。产品质量问题主要存在于小企业,与企业的生产条件紧密相关。企业生产条件的考核结果与产品质量抽查检验结果完全一致,企业的规模与企业的质量成正比。小企业在产品生产的质量管理、工艺设备等方面还存在不同程度的问题,尤其是有一成左右的企业连基本的生产条件都达不到。在生产条件方面存在产品质量隐患。管理松弛、设备陈旧落后、检验设备不齐备,以及受市场影响,生产无规律、间歇式生产都是造成产品质量问题的主要原因。

2)品牌

中国有上千多家矿泉水生产企业,但在矿泉水市场中却没有非常著名的企业和著名的品牌。青岛崂山牌矿泉水是我国第一家饮用矿泉水生产厂家,在20世纪80年代中期以前,在我国具有相当的知名度,随着矿泉水生产厂家日益增多,尤其是在山东青岛崂山地区,许多新上的矿泉水都打崂山矿泉水的牌子,可产品质量却良莠不齐,影响了崂山矿泉水的声誉。中国的五大连池矿泉水被誉为世界三大冷泉之一,水质优良,但在市场上的产品却很难被消费者接受。

目前,中国矿泉水市场已形成了以娃哈哈、乐百氏、养生堂、雀巢为主导的一线品牌,崂山、康师傅、可口可乐、稀世宝、怡力、益宝等有名气的二线品牌,以及一些实力较差的地方中小企业矿泉水"三国鼎立"的市场格局。其中,一线品牌持有约80%的市场份额,同时众多新品牌也不断涌现。

中国矿泉水缺少名牌产品的主要原因有以下几个方面:

(1)矿泉水市场不规范。只要某一矿泉水品牌在市场上稍有名气就会有此品牌的假冒产品出现,影响其品牌形象。

(2)缺少资金雄厚的大型垄断企业,从以上资料看,我国矿泉水企业都属中小型,即使是国内较大的矿泉水生产企业也很难与国外的企业规模相比。受企业规模和经济实力限制,开拓市场和垄断市场的实力不足。

(3)国内矿泉水知识的普及和宣传不够。随着各种各样新的瓶装饮用水的出现,新闻媒体的不适宣传和误导,人们对饮用天然矿泉水认识混乱,影响了矿泉水市场的正常发展。

(4)我国矿泉水总产量缺少特色。目前我国矿泉水市场中常见的产品多为普通含锶和偏硅酸型矿泉水。从色、味、口感方面很难与普通饮用水相区别，在消费者心目中，形成了矿泉水与一般饮用水一样的概念，没有显现出矿泉水的有益微量元素等优越性和矿泉水的高品质，影响了矿泉水的发展。从经济学的角度讲，产品的寿命周期一般分为五个阶段，即投入期、成长期、成熟期、饱和期、衰退期。目前我国的矿泉水生产厂家多，市场竞争激烈，处于成长期，产品出厂价近于成本，虽说消费矿泉水的人数多了，生产仍处于发展艰难阶段。

9 湖南省矿泉水开发利用现状

　　湖南除了水量丰足，其地下矿泉水亦自古有名，仅毛泽东的"才饮长沙水，又食武昌鱼"诗句就早已使长沙水饮誉中外。

　　湖南省是矿泉水资源大省。2015 年湖南省国土资源厅的调查结果显示全省共有 417 处矿泉，占全国矿泉数量的近 1/10，在 14 个市州均有分布，其中长沙市、郴州市、岳阳市矿泉水资源位列全省前三。从矿泉水类型来看，湖南省饮用天然矿泉水种类丰富，可分为单一型和复合型共 16 种类型，包括偏硅酸型、锶型、锂型、锌型、碘型 5 种单一型矿泉水，以及偏硅酸 – 锶型、偏硅酸 – 锂型、锂 – 锶型、偏硅酸 – 锂 – 锶型等 2 种或 3 种有益组分达标的复合型矿泉水 11 种。从有益组分含量来看，湖南省矿泉水有益组分含量较高，有 121 处矿泉水有益组分含量达到国标的 2 倍以上，其中 76 处达到国标的 3 倍以上。从可采水量来看，湖南省矿泉水年可开采总量达 2200 万 t 以上，矿泉水资源点中属大型规模（允许可采量大于 1000 t/d）的有 16 处，属中型规模（允许可采量 100～1000 t/d）的有 83 处。

　　湖南拥有丰富的矿泉水资源，但开发形势不容乐观。到 2012 年底，全省办理采矿权证的矿泉水企业仅有 13 家，总开采量为 60.3 t/d，大部分企业处于关闭、半关闭状态，未能将资源优势转化为经济优势。湖南目前开采的矿泉水产量尚不到可允许开采量的二十分之一，每年只有不到 10 万 t，而湖南市场上饮用水的年需求量却很大。2014 年，全省桶装水销量达 800 万 t，瓶装水销量达 250 万 t。截至 2013 年底，全省保有生产企业 10 家，且均为小型企业，从业人员 205 人，年产量 6.54 万 t，年产值为 616 万元，年利润为 79.3 万元，没有一家能够打出名气的。制造成本高、税费高以及消费者对矿泉水知识缺乏，都是矿泉水企业生存艰难的原因。

　　目前在湖南水市场上销售的 60 多个品牌中，湖南本土水就有 50 多个，占九成以上，然而据统计，外地瓶装水、桶装水分别占据了湖南 90% 和 60% 的市场。

湖南省的矿泉水不仅储量丰富，而且品种齐全，水质优良。据有关专家介绍，许多品种的矿泉水外在感观好，内在指标也符合饮用要求。有些重要化学指标，如对健康有利的偏硅酸，含量远远超过国家标准（25 mg/L），有的矿泉水偏硅酸含量高达 120 mg/L 以上，实属罕见。如此丰富优良的矿泉水资源，对于湖南人来说可谓幸运之至。而年开发量仅为 10 万 t 的事实，受益面如此之小，又使不少人为之惋惜。那么，是什么因素制约了它的开发与利用呢？

1）健康饮水新理念难树立

随着生活水平的提高，饮水与健康问题越来越引起社会的重视。饮用什么样的水最有利于健康呢？长期以来，人们对此问题走入了误区，认为纯净水是最有利于人体的"健康水"。

长期饮用纯净水很难维持人体微量元素的平衡。世界卫生组织公布人体健康必需的微量元素共 14 种，这些微量元素人体本身不能制造，只有通过饮水、食物从环境中获得，以维持正常的生理功能。如果缺乏这些物质就会生病。如缺碘会引起甲状腺疾病，缺钙引起骨质疏松症等。由于深受水污染之苦，现在有些人把纯净水看成是最理想的饮用水。纯净水解决了污染问题，但由于加工过滤过程过于严密，致使在滤去有害物质的同时，许多人体必需的矿物质、微量元素也随之滤失了。

据报道，1999 年由中国预防医学会、中国学生营养促进会等主办的"下个世纪我们喝什么水"高层研讨会上，与会专家提出了未来饮水的金字塔构架：塔尖为优质矿泉水，底层为自来水，中间层为回归水（纯净水附加矿物质）。专家一致认为，优质矿泉水是最理想的"健康水"。

2）知名品牌形象难塑造

湖南有优良的矿泉水源，而没有像法国"维西"那样世界闻名的品牌，原因何在呢？

首先开采管理有问题。湖南省大规模商业性开发饮用天然矿泉水始于20 世纪90 年代。一段时间内，矿泉水企业遍地开花，大小企业并存，现代设备与手工作坊同在，产品质量更是良莠不齐，影响了矿泉水在消费者心目中的形象。业内人士叹惜，湖南矿泉水品牌很可能走上青岛崂山牌矿泉水的道路。青岛崂山牌矿泉水是我国第一家饮用矿泉水生产厂家，在 20 世纪 90 年代中期以前有相当的知名度，随着矿泉水生产厂家日益增多，崂山地区许多新建的矿泉水厂都打崂山矿泉水的牌子，使产品质量良莠不齐，大大影响了崂山矿泉水的声誉。

其次，厂商管理有问题。矿泉水厂一般是通过遍布城镇的供水站给消费者供水的，因此管理好供水站是树立企业形象的关键。据有关部门通告，湖南省几家规模较大的矿泉水厂在抽测中也先后"撞了红灯"；经调查，问题均出在水站上。对此，有关负责人指出，水站多了，滥了，就会造成鱼龙混杂，制假售假或以次充好的局面。一桶水不合格只是这一批次的水不合格，不能判定这个品牌为劣质品牌。但消费者只认品牌，因此水站管不好就会因小失大。

湖南水没有打造出品牌，与对矿泉水宣传不够，人们对矿泉水的了解不多，加之生产分散、规模小、生产工艺落后等有很大关系。另外矿泉水的开采受地域限制，取水井日产量有限，一般一口井日产水只有 30 t，多的也不过几百吨，这也严重制约了矿泉水厂的生产规模。

3) 二次污染难解决

导致水的二次污染主要有以下途径：

一是生产工艺。要避免污染源，必须具备先进的设备，一般需投资 2000 万元以上，必须在无菌操作间规范操作。现有的手工作坊投资至 5 万元就生产，很难阻止细菌侵入。

二是包装。劣质饮水罐和废料饮水罐充斥市场。废料罐影响了水的感观，也会有有害物质溶入。

三是饮水机。2000 年 6 月份，长沙市质量技术监督局对长沙市售饮水机质量进行了检查，发现大量不合格品牌。主要问题是内部布线、泄漏电流、用材不符合等级、温高达不到、无抑菌装置和清洗消毒配套措施等。

由于以上种种途径未能有效防止细菌浸入，再加上许多消费者将水置于窗台或阳台旁，阳光照射引起藻类繁殖，产生了二次污染。

有关专家认为，由于对矿泉水宣传不够，人们对矿泉水的了解不多，加之生产工艺不先进。管理混乱，品牌知名度不高，价格难对纯净水形成优势，所以湖南省矿泉水产销量不大自在情理之中。要改变这种现状，今后应加大宣传力度，改进、提高矿泉水生产工艺，提高矿泉水的质量，扩大品牌知名度，让矿泉水为人们身体健康发挥更大的作用。

2016 年 8 月湖南省国土资源厅发布《关于促进矿泉水开发利用的若干意见》。意见明确：充分发挥全省矿泉水资源优势，培育具有湖南特色的天然矿泉水产业体系，全力促进矿泉水资源开发利用，着力打造本土矿泉水品牌。此外，湖南将强化矿泉水资源招商引资，建立示范园区。加快开发、包装一批矿泉水企业，扶植建立湖南矿泉水产业联盟。及时将优质矿泉水资源采矿权推向市场，吸引社会投资，优先引进国内外知名、具有矿泉水开放营销经验的战略合作者。建设一批重大矿泉水资源开发利用项目，扩大湖南省矿泉水产业规模及市场占有率。到"十三五"末期，全省矿泉水年产量达到了 500 万 t，年产值达到了 400 亿元。到"十四五"末期，全省矿泉水年产量达到了 1000 万 t，年产值达到了 1000 亿元。

湖南高度重视饮用天然矿泉水产业发展，省发改委、省民政厅、省食药监局等相关部门共同研究，出台专项扶持政策大力发展天然饮用水产业。省天然饮用水产业协会指导建设了统一资源平台，统一生产标准，力图打造湖南的水品牌。

参考文献

[1] 朱济成. 实用的矿泉水[M]. 北京：轻工业出版社，1987：122－137.

[2] 高国华，周金生，张本琪. 矿泉水的评价与合理开发利用[M]. 北京：地震出版社，1990.

[3] 陈汉中，等. 湖南省地质矿产资源开发战略形势研究[M]. 武汉：中国地质大学出版社，1990.

[4] 龙何金. 望城九峰山饮用天然矿泉水水文地质特征及勘查工作要点[J]. 湖南地质科技信息，1995. 100(4)：23－27.

[5] 侯燕，陈水金，方丙四. 临澧县山洲饮用天然矿泉水水文地球化学特征及水质评价[J]. 湖南师范大学学报(自然科学版增刊)，1998，21：124－125.

[6] 马国兰，陈水金，常德市石公桥饮用矿泉水水文地球化学特征及水质评价[M]. 湖南省地质学会矿物岩石及分析测试专业论文集，1998.

[7] 侯燕，陈水金，等. 岳阳张谷英天然矿泉水水文地球化学特征及水质评价[J]. 湖南地质，2001，20(2)：103－105.

[8] 刘志新，陈水金，等，湘潭县白沙饮用天然矿泉水水质检测与评价[J]. 湖南教育学院学报，2002(2).

[9] 黄树春，赵帅军，夏友，等. 湖南省饮用天然矿泉水资源潜力评价与开发利用区划[J]. 地质与资源，2017. 1(26)：67－72.

[10] 段日升，韩康琴，齐占虎，等. 矿泉水的勘查评价与开发利用[J]. 河北地质，2007(3)：19－23.

[11] 黄树春. 湖南省饮用天然矿泉水资源特征及开发保护战略研究[J]. 低碳世界，2016(23)：120－121.

[12] 徐水辉，罗仕康. 湖南矿泉水及开发利用[M]. 北京：地质出版社，2003.

图书在版编目（CIP）数据

湖南省饮用天然矿泉水及开发利用／易晓明，曹健
著.—长沙：中南大学出版社，2020.4
ISBN 978-7-5487-4014-8

Ⅰ.①湖… Ⅱ.①易… ②曹… Ⅲ.①矿泉水—食品
工业—资源开发—湖南 Ⅳ.①F426.82

中国版本图书馆 CIP 数据核字（2020）第 044424 号

湖南省饮用天然矿泉水及开发利用

HUNANSHENG YINYONG TIANRAN KUANGQUANSHUI JI KAIFA LIYONG

易晓明　曹　健　著

□**责任编辑**	刘小沛	
□**责任印制**	易红卫	
□**出版发行**	中南大学出版社	
	社址：长沙市麓山南路	邮编：410083
	发行科电话：0731-88876770	传真：0731-88710482
□**印　　装**	长沙印通印刷有限公司	

□**开　　本**	710 mm×1000 mm 1/16	□**印张** 9.75	□**字数** 192 千字		
□**版　　次**	2020 年 4 月第 1 版　□2020 年 4 月第 1 次印刷				
□**书　　号**	ISBN 978-7-5487-4014-8				
□**定　　价**	58.00 元